大叶茼蒿

另一种大叶茼蒿

细叶茼蒿

茼蒿叶斑病

茼蒿炭疽病

茼蒿病毒病

大叶蕹菜

细叶蕹菜

水 蕹

蕹菜病毒病

蕹菜白锈病

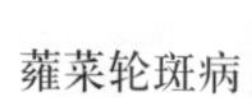

蕹菜轮斑病

茼蒿蕹菜

无公害高效栽培

眭晓蕾　编著

金盾出版社

内 容 提 要

本书内容包括：茼蒿、蕹菜无公害生产的概念和意义，无公害生产的环境条件和肥料使用准则，茼蒿无公害高效栽培技术，蕹菜无公害高效栽培技术，茼蒿蕹菜无土栽培技术，茼蒿蕹菜病虫害无公害防治技术，无公害产品的采收、贮藏及营销管理等。内容科学实用，可操作性强，文字通俗易懂，适合广大菜农、基层农业技术推广人员、蔬菜经营者、管理者阅读使用，也可供农业院校、农科院所专业人员学习参考。

图书在版编目(CIP)数据

茼蒿蕹菜无公害高效栽培/眭晓蕾编著．—北京：金盾出版社，2003.5
（蔬菜无公害生产技术丛书）
ISBN 978-7-5082-2393-3

Ⅰ．茼…　Ⅱ．眭…　Ⅲ．①茼蒿-蔬菜园艺-无污染技术②蕹菜-蔬菜园艺-无污染技术　Ⅳ．S636.9

中国版本图书馆 CIP 数据核字(2003)第 023183 号

金盾出版社出版、总发行
北京太平路 5 号（地铁万寿路站往南）
邮政编码：100036　电话：68214039　83219215
传真：68276683　网址：www.jdcbs.cn
彩色印刷：国防工业出版社印刷厂
黑白印刷：北京天宇星印刷厂
装订：北京天宇星印刷厂
各地新华书店经销
开本：850×1168 1/32　印张：4.625　彩页：4　字数：112 千字
2009 年 6 月第 1 版第 3 次印刷
印数：16001—24000 册　定价：8.00 元

序言

XUYAN

民以食为天，食以安为先。生产安全食用蔬菜等农产品是广大消费者的迫切愿望。随着人们生活水平的提高，环境意识和保健意识的增强，无公害蔬菜的生产和流通备受世人关注。无公害蔬菜生产既是保护农业生态环境、保障食物安全、不断提高人民物质生活质量的需要，同时又是提高我国蔬菜产品在国际市场上的竞争力，提高我国农业经济效益，增加农民收入，实现农业可持续发展的迫切需要。可以说大力发展无公害蔬菜生产，是社会经济发展、科学技术进步、人民生活富裕到一定阶段的必然要求。

为了解决农产品的质量安全问题，农业部从2001年开始在全国范围内组织实施了“无公害食品行动计划”。要实现无公害蔬菜产品的生产，就需对生产及流通过程进行全程质量控制。在对蔬菜产品实现全程质量控制中，首要的是实现生产过程的无公害质量监控。在种植无公害蔬菜时要选择良好的环境条件，防止大气、土壤、水质的污染，在不断提高菜农的生态意识、环保意识、安全意识的同时，还应开展无公害蔬菜生产的综合技术集成和关键技术的推广应用。这样，才能达到生产无公害蔬菜产品的基本要求。

为达到上述目的，金盾出版社策划出版了“蔬菜无公害生产技术丛书”。组成了以刘宜生研究员、王志源教授为首的编委会，约请了中国农业科学院、中国农业大学等单位有关专家和学者，根据他们的专业特点，将“丛书”分为20个分册，分别撰写了33种主要蔬菜的无公害高效栽培技术。“丛书”比较全面系统地向蔬菜生产者、经营者和管理者介绍了当前各种蔬菜进行无公害生产的最新成果、技术和信息，提出了如何根据国家制定的《无公害蔬菜环境质量标准》、《无公害蔬菜生产技术规程》、《无公害蔬菜质量标准》进行生产的具体措施。其内容包括：选用优良抗性品种，推广优质高效栽培技术，科学平衡施肥，实施病虫害的综合无公害防治，以及采收、贮藏和运输环节的关键措施和无公害管理等。因此，这套“丛书”既具有科学性和先进性，又具有实用性和可操作性。

我相信本“丛书”的出版，将使广大菜农、蔬菜产业的行政管理人员及技术推广人员都能从中获得新的农业科技知识和信息，对无公害蔬菜生产技术水平的提高起到指导作用。同时，也会在推动农业结构调整、促进农村经济增长等方面发挥积极作用，为建设小康社会做出有益的贡献。

中国工程院院士
中国园艺学会副理事长 方智远

2003年4月

前言

QIANYAN

我国农业结构调整中,蔬菜因其效益较高,发展较快而被各地作为优先发展的产业之一。蔬菜生产迅猛发展,但当前生产者对种菜及相关生产资料知识的掌握相对滞后,产地环境条件难尽人意,使蔬菜产品的质量不能满足国内、国际市场的新需求,并影响我国蔬菜产业的健康发展和人民生活质量的提高。为普及科学种菜和无公害蔬菜生产的基本知识,推进蔬菜产品的无害化、标准化,提高我国蔬菜产品的市场竞争力,特编撰此书。

茼蒿和蕹菜均属于绿叶菜类。其中茼蒿在我国北方地区种植较广,对解决秋、冬和早春蔬菜供应有重要作用;蕹菜为喜温蔬菜,在我国南方地区栽培时期长、面积大。近年,引入北方地区种植,作为一种特色蔬菜供应市场,深受消费者的欢迎。尽管目前已出版了一些有关茼蒿、蕹菜栽培技术方面的书籍,但对其无公害生产方面的知识介绍并不多。

本书的编写紧扣"无公害"这个中心点,力求做到内容丰富,理论与实践紧密结合,技术先进实用,可操作性强,文字简练,通俗易懂,以供蔬菜生产管理者、蔬菜生产技术人员和广大农民朋友参考。笔者在编写过程中,除了结合自身的实践经验与体会,还参阅了大量的书刊文献(主要参考文献列于书后),并引用、摘录了某些内容,在此,对有关作者一并表示感谢。

我国地域辽阔,不同地区的生产环境及条件差异较大,加之新的科学技术不断涌现,知识应不断更新,希望读者在应用本书介绍的技术时,根据当地的实际情况和具体条件,灵活运用。因作者水平有限,编写时间仓促,经验不足,书中疏漏和不当之处在所难免,恳请专家、同仁与广大读者批评指正。

编著者

2003年2月

目录

MULU

第六章　蕹菜无公害高效栽培技术

第七章　茼蒿、蕹菜无土栽培技术

第八章　茼蒿、蕹菜病虫害无公害防治

第九章　无公害茼蒿、蕹菜的采收、贮藏

第一章 茼蒿、蕹菜无公害生产的概念和意义

蔬菜是百姓日常生活中必不可少的副食品。随着我国总体进入小康社会,公众的环境意识和健康意识已显著增强,人们要求买到、吃到无公害蔬菜的呼声日益高涨,无公害蔬菜已在各地市场上走俏。因此,如何生产出优质、安全、无公害的绿色食品蔬菜,是国家和广大消费者所关心的热点问题。

无公害蔬菜是指产地环境、生产过程、目标产品质量,符合国家或农业行业无公害农产品标准和生产技术规程,并经产地和市场质量监管部门检验合格,使用无公害农产品标识销售的蔬菜产品。也就是说,无公害蔬菜不但要求其产品所含有的有害物质要控制在安全允许范围内,而且在生产过程中,给环境造成的污染或损害也要控制在规定标准之内。由于蔬菜生产周期短、复种指数高、病虫种类多,化肥、农药用量大,已造成了严重的生态问题。一方面环境受到污染,如土壤的酸化和次生盐渍化,破坏了土壤结构,降低了土壤肥力;水体的富营养化,恶化或毒化了水质;大气中氨气、二氧化氮、二氧化硫等有害气体含量的增加,降低了空气质量,在设施栽培条件下还可能发生作物的氨中毒和二氧化氮(或二氧化硫)伤害;天敌的大量死亡,引起某些农作物害虫的再猖獗,或发生频次增加等等。另一方面农产品受到污染,如有害物质特别是农药残留量超过国家规定标准,危害消费者的身体健康,长期食用农药残留量超标的产品,可能引发严重疾病甚至癌症;有些生产者不遵守国家的有关规定和禁令,在蔬菜作物上施用剧毒农药,或在安全间隔期内施药,或超剂量、超次数施药,形成人为的毒菜,使

吃食毒菜的消费者发生急性中毒,甚至丧生等等。而要从根本上改变这一状况,就必须普及无公害蔬菜生产知识、推广无公害蔬菜生产技术、发展无公害蔬菜的生产。茼蒿和蕹菜均以嫩茎和嫩叶供人们食用,是广大人民喜食的蔬菜。同时,在我国大部分省、市、自治区栽培,因此研究和推广茼蒿、蕹菜的无公害栽培技术意义重大。

茼蒿,别名蓬蒿、蒿子杆、春菊等。原产地中海地区,我国已有900余年的栽培历史,分布广泛,南、北方都可种植,适应性较强。茼蒿在春、夏、秋三季均可露地栽培,冬季可保护地栽培,有利于实现周年生产,均衡供应市场。茼蒿的病虫害也较少,可作为无公害蔬菜栽培,是深受消费者喜爱的一种绿叶蔬菜。它栽培容易,生长期短,播后40~50天即可始收,可作为主栽蔬菜的前后茬,或间套作插空栽培,提高经济收益。

茼蒿的食用部分为嫩茎叶、嫩花茎。据分析,每100克鲜菜中含水分93.6克,蛋白质1.6克,脂肪0.3克,碳水化合物3克,纤维素0.7克;在所含维生素中,胡萝卜素为1.7毫克,硫胺素0.04毫克,核黄素0.18毫克,维生素C 3.6毫克,尼克酸0.4毫克;还含有钙130毫克,磷42毫克,铁3.2毫克。茼蒿嫩茎叶中含有13种氨基酸,其中丙氨酸、天门冬氨酸和脯氨酸含量较多。

茼蒿食用方法很多,可炒食、拌食、做汤,或做火锅的配菜等。它含有一种挥发性的精油,具有特殊的清香气味,食用鲜嫩可口,可增进食欲。尤其用作炖鱼或炒虾,风味更佳。但无论是素炒,还是荤炒,都必须旺火快翻,以防软烂,过烂即失去鲜美。茼蒿性味辛甘平,具有和脾胃、利二便、消痰饮的功效,可用作辅助治疗咳嗽痰多、脾胃不和、记忆力减退、习惯性便秘以及高血压等症,是一种优良的保健蔬菜。

蕹菜,别名空心菜、藤菜、竹叶菜等。原产于我国及东南亚热带多雨地区,分布于亚洲热带各地区。在我国已有1 700年的栽培历史,现西南、华南、华东和华中各地普遍栽培,在广东、福建、四川等地4~11月份都可不间断收获。近年来蕹菜由南方逐渐推及北方,华北地区可越夏栽培,是夏、秋季节上市的重要特色蔬菜,深受群众喜爱。高寒地区,如黑龙江省大兴安岭地区,引种栽培试验也获得成功。

蕹菜营养丰富。据中国医学科学院卫生研究所(1981)分析,每100克食用部分鲜重含蛋白质2.3克,脂肪0.3克,碳水化合物4.5克,钙100毫克,磷37毫克,铁1.4毫克,胡萝卜素2.14毫克,硫胺素0.06毫克,核黄素0.16毫克,尼克酸0.7毫克,维生素C 28毫克,热量125.52千焦。与番茄相比,蛋白质含量为番茄的3倍,钙为12.5倍,磷为1.3倍,铁为1.6倍,胡萝卜素为6倍,硫胺素为2倍,核黄素为8倍,尼克酸为1.4倍,维生素C为2.3倍,热量为1.9倍。与甜椒相比,除维生素偏低(为青色甜椒含量的13.5%)外,其他营养成分均较高。可见蕹菜是属于营养成分全面而且营养价值较高的蔬菜。

蕹菜的食用部分为嫩茎和嫩叶,可以炒食、凉拌、做汤或做泡菜,口感清脆滑润。据中药学记载,蕹菜味甘性平,有清热、凉血、解暑、去毒、利尿等功效,所以是夏季食疗菜谱中的重要组成部分。

由于蕹菜耐热,耐风雨,适应性强,病虫害少,生长快,可以多次采摘,供应期长,产量高,成本低,比较容易进行无公害栽培,是一种较理想的绿色蔬菜。

第二章　无公害茼蒿、蕹菜质量标准与质量认证

无公害茼蒿、蕹菜质量标准应符合国家农业部2002年颁布的NY 5093—2002无公害食品蕹菜的感官要求和卫生指标。感官要求是：同品种或相似品种，大小基本整齐一致，无黄叶，无明显缺陷（缺陷包括机械伤、抽薹、腐烂、病虫害等）。卫生指标是：无公害食品蕹菜卫生指标应符合表2-1的要求。

表2-1　无公害食品蕹菜卫生要求

序　号	项　目	指标(毫克/千克)
1	敌敌畏(dichlorvos)	≤0.2
2	毒死蜱(chlorpyrifos)	≤1
3	乐果(dimethoate)	≤1
4	氯氰菊酯(cypermethrin)	≤2
5	氰戊菊酯(fenvalerate)	≤0.5
6	百菌清(chlorothalonil)	≤1
7	氯氟氰菊酯(cyhalothrin)	≤0.2
8	三唑酮(triadimefon)	≤0.2
9	铅(以Pb计)	≤0.2
10	镉(以Cd计)	≤0.05
11	亚硝酸盐(以$NaNO_2$计)	≤4

注：根据《中华人民共和国农药管理条例》，剧毒和高毒农药不得在蔬菜生产中使用

茼蒿无公害质量标准参照蕹菜无公害质量标准。

茼蒿、蕹菜无公害质量认证。加强茼蒿、蕹菜无公害的规范化管理，维护其产品信誉及消费者利益，促进茼蒿、蕹菜无公害生产的健康发展，需要对茼蒿、蕹菜无公害进行质量认定。

凡具备茼蒿、蕹菜生产条件的单位或个人，均可通过当地有关部门向省级无公害农产品管理办公室申请无公害农产品标志和证书。申请者按要求填写无公害农产品申请书、申请单位或个人基

本情况及生产情况调查表、产品注册商标文本复印件及当地农业环境监测机构出具的初审合格证书。

省级无公害农产品管理部门，在认为申报基本条件合乎要求后，委托省级农业环境保护监测机构对茼蒿、蕹菜产品及产地环境进行质量检测，出具环境和产品质量评价报告。

省级无公害农产品管理部门根据评价报告和上报材料进行终审。终审合格的，由省级无公害农产品管理部门颁发无公害农产品证书，并向社会公告。同时与生产者签订《无公害农产品标志使用协议书》，授权企业或个人使用无公害农产品标识。

取得无公害农产品标志后，应在产品说明或包装上标注无公害农产品标志、批准文号、产地、生产单位等。标志上的字迹应清晰、完整、准确。

无公害农产品标志和证书有效使用期限为3年。使用无公害农产品标志的单位或个人，必须严格履行《无公害农产品标志使用协议书》，并接受环境和质量检测部门进行的定期抽检。

第三章 茼蒿、蕹菜无公害栽培的环境条件

蔬菜生产与产地环境密切相关，良好的产地环境是无公害蔬菜生产的先决条件和基本保证。总的说，无公害蔬菜产地应选择在生态条件良好，远离污染源，并具有可持续生产能力的农业生产区域。所谓生态条件良好，主要指立地条件、自然景观不错，林草植被覆盖度高，生态破坏和环境污染较少。由于环境污染主要是工矿企业和城镇等大量排放污染物质而造成的，一般而言，离污染源越近的地方受到的影响或威胁越大。所以，在无公害蔬菜产地的选择上，必须考虑远离污染源。除此之外，产地还应具有可持续生产的能力。具体来说，茼蒿、蕹菜赖以生长发育的环境条件很多，但影响其安全品质的环境要素主要是空气、水分和土壤，无公害蔬菜生产对其都有特殊的要求。

第一，空气环境标准。包括二氧化硫、氟化氢、粉尘和飘尘的标准。见表3-1。

表3-1 环境空气质量要求

项　目	浓度限值			
	日平均		1小时平均	
总悬浮颗粒物(标准状态)(毫克/米^3)≤	0.30		–	
二氧化硫(标准状态)(毫克/米^3)≤	0.15[a]	0.25	0.50[a]	0.70
氟化物(标准状态)(微克/米^3)≤	1.5[b]	7	–	

注：日平均指任何1日的平均浓度；1小时平均指任何一小时的平均浓度

a　菠菜、青菜、白菜、黄瓜、莴苣、南瓜、西葫芦的产地应满足此要求

b　甘蓝、菜豆的产地应满足此要求

第二，灌溉水质标准。就灌溉水而言，水源质量也是影响无公害蔬菜生产的重要因素，如果水源一旦被污染，即使严格控制生产

和运销过程的污染，结果也是无济于事。所以，要求茼蒿、蕹菜无公害生产基地内灌溉用水质标准，应按 2002 年 7 月农业部发布的《无公害食品 蔬菜产地环境条件》(NY5010－2002)对无公害蔬菜产地环境中的灌溉水质量所作出的明确具体的要求执行，可参看表 3-2。

表 3-2 灌溉水质要求

项 目		浓度限值	
pH 值		5.5～8.5	
化学需氧量/(毫克/升)	≤	40[a]	150
总汞/(毫克/升)	≤	0.001	
总镉/(毫克/升)	≤	0.005[b]	0.01
总砷/(毫克/升)	≤	0.05	
总铅/(毫克/升)	≤	0.05[c]	0.10
铬(六价)/(毫克/升)	≤	0.10	
氰化物/(毫克/升)	≤	0.50	
石油类/(毫克/升)	≤	1.0	
粪大肠菌群/(个/升)	≤	40000[d]	

a 采用喷灌方式灌溉的菜地应满足此要求

b 白菜、莴苣、茄子、蕹菜、芥菜、苋菜、芜菁、菠菜的产地应满足此要求

c 萝卜、水芹的产地应满足此要求

d 采用喷灌方式灌溉的菜地以及浇灌、沟灌方式灌溉的叶菜类菜地应满足此要求

第三，土壤环境质量要求。主要包括重金属污染、硝酸盐污染。关于茼蒿、蕹菜重金属污染，应按 2002 年 7 月农业部发布的《无公害食品 蔬菜产地环境条件》(NY5010－2002)标准执行，该标准给出了无公害蔬菜产地土壤环境中的镉、汞、砷、铅、铬等重金属指标的含量限值(表 3-3)。

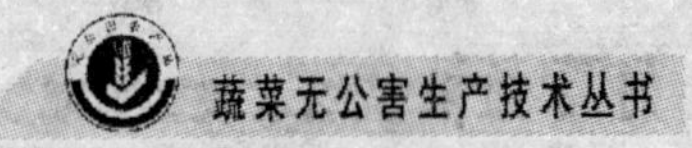

表 3-3 土壤环境质量要求 单位:(毫克/千克)

项目		含量限值					
		pH < 6.5		pH6.5 ~ 7.5		pH > 7.5	
镉	≤	0.30		0.30		0.40[a]	0.60
汞	≤	0.25[b]	0.30	0.30[b]	0.5	0.35[b]	1.0
砷	≤	30[c]	40	25[c]	30	20[c]	25
铅	≤	50[d]	250	50[d]	300	50[d]	350
铬	≤	150		200		250	

注:本表所列含量限值适用于阳离子交换量 > 0.05 摩尔/千克的土壤,若≤0.05 摩尔/千克,其标准值为表内数值的半数

a 白菜、莴苣、茄子、蕹菜、芥菜、苋菜、芜菁、菠菜的产地应满足此要求

b 菠菜、韭菜、胡萝卜、白菜、菜豆、青椒的产地应满足此要求

c 菠菜、胡萝卜的产地应满足此要求

d 萝卜、水芹的产地应满足此要求

关于硝酸盐对土地污染,国家标准《农产品安全质量 无公害蔬菜安全要求》(GB18406.1 2001)中规定茼蒿、蕹菜等叶菜类产品中最高硝酸盐含量限值为 3 000 毫克/千克,农业部行业标准《无公害食品 蕹菜》(NY 5093 - 2002)要求蕹菜产品中亚硝酸盐(以 $NaNO_2$ 计)含量不得高于 4 毫克/千克。

第四章 茼蒿、蕹菜无公害栽培科学施肥技术

在茼蒿、蕹菜无公害生产中必须大力普及科学施肥技术，即要坚持平衡施肥、测土配方施肥、施配方肥，有条件的实施推荐施肥，发展有机复合肥；防止超量偏施氮素化肥，严格氮肥施用安全间隔期；禁止施用未经无害化处理的有机肥和其他有毒肥料。

一是常用肥料种类主要有：农家肥料（堆肥、沤肥、厩肥、沼气肥、绿肥、泥肥、作物秸秆、饼肥）；商品肥料（商品有机肥料、腐植酸类肥料、微生物肥料、有机复合肥、无机矿物肥料、叶面肥料、有机无机肥、掺合肥）；其他肥料；化学合成肥料。

二是肥料使用准则：尽量选用国家生产绿色食品的肥料准则中允许使用的肥料种类。可以有限度地使用部分化学合成肥料；可使用农家肥和商品有机肥料、腐植酸类肥料、微生物肥料、有机复合肥、无机矿物肥料、叶面肥料和有机无机肥（半有机肥）；如果不能满足茼蒿、蕹菜生长需要时，允许使用掺合肥，但有机氮与无机氮之比不超过1:1；化学肥料也可以与有机肥、微生物肥配合使用；城市生活垃圾在一定情况下，使用是安全的。但要注意对垃圾中的有害物质进行无害化处理，其控制标准见表4-1。

表 4-1　城镇垃圾农用控制标准

项　　目	标准限制
杂　物(%)	<3
粒度(厘米)	<12
蛔虫死亡率(%)	95~100
大肠菌值	0.1~0.01
总镉(以镉计　毫克/千克)	<3
总汞(以汞计　毫克/千克)	<5
总铅(以铅计　毫克/千克)	<100
总铬(以铬计　毫克/千克)	<300
总砷(以砷计　毫克/千克)	>10
有机质以碳计(%)	>0.5
总氮(以氮计　毫克/千克)	<30
总磷(以五氧化二磷计　毫克/千克)	>0.3
总钾(以氧化钾计　毫克/千克)	>0.1
pH 值	6.5~8.5
水　分(%)	25~30

对于秸秆还田、堆沤还田、过腹还田(牛、马等牲畜粪尿):直接翻压还田、覆盖还田时,秸秆直接翻入土中,要注意和土壤充分混合,不要产生作物根系架空现象,并加入含氮素丰富的人、畜粪尿,调节碳氮比为 20:1。利用覆盖、翻压、堆沤等方式使用绿肥时,翻压应在生长盛期进行,翻埋深度为 15 厘米左右,盖土要压,翻后耙匀。腐熟的沼气液、残渣及人、畜粪尿可用作追肥,沼气发酵肥的卫生标准见表 4-2。

表 4-2 沼气发酵肥卫生标准

项目	卫生标准及要求
密封储存期	30天以上
高温沼气发酵温度	(53±2)℃持续2天
寄生虫卵沉降率	95%以上
血吸虫卵和钩虫卵	在使用粪液中不得检出活的血吸虫卵和钩虫卵
粪大肠菌值	普通沼气发酵 10^{-4},高温沼气发酵 10^{-1}~10^{-2}
蚊子、苍蝇	有效地控制蚊蝇孳生,粪液中无孑孓。池的周围无活的蛆、蛹或新羽化的成蝇
沼气池残渣	经无害化处理后方可用作农肥

严禁使用未腐熟的人粪尿;禁止施用未腐熟的饼肥。叶面肥料质量应符合下列标准,即营养成分:腐植酸≥8%,微量元素(铁、锰、铜、锌、钼、硼)≥6%;杂质控制:镉≤0.01%,砷≤0.002%,钯≤0.002%;按使用说明稀释,在作物生长期内,喷施2~3次。微生物肥料可用于拌种,也可做基肥和追肥使用,使用时应严格按使用说明书的要求操作;微生物肥料对减少茼蒿、蕹菜硝酸盐含量、改善产品品质有明显效果,应积极使用。选用无机(矿质)肥料中煅烧的磷酸盐,质量应符合:营养有效成分 P_2O_5(碱性柠檬酸铵提取)≥12%;杂质控制:每含1% P_2O_5,砷≤0.004%,钯≤0.002%,镉≤0.001%。硫酸钾质量应符合:营养成分 K_2O 为50%;杂质控制:每含1% K_2O,砷≤0.004%,氯≤3%,硫酸≤0.5%。所使用的农家肥料必须高温发酵,以杀灭各种寄生虫卵和病原菌、杂草种子,使之达到无害化卫生标准,见表4-3。堆肥腐熟度的鉴别见表4-4。

表 4-3 高温堆肥卫生标准

项 目	卫生标准及要求
堆肥温度	最高堆温达 50℃~55℃,持续 5~7 天
蛔虫卵死亡率	95%~100%
粪大肠菌值	10^{-1}~10^{-2}
苍 蝇	有效地控制苍蝇孳生,肥堆周围没有活的蛆、蛹或新羽化的成蝇

表 4-4 堆肥腐熟度的鉴别指标

项 目	鉴别指标及要求
颜色气味	堆肥的秸秆变成褐色或黑褐色,有黑色汁流,有氨臭味,铵态氮含量显著增高(用氨试纸速测)
秸秆硬度	用手握肥,湿时柔软,有弹性;干时很脆,容易破碎,有机质失去弹性
堆肥浸出液	取腐熟的堆肥加清水搅拌后(肥水比例一般 1:5~10)放置 3~5 分钟,堆肥浸出液颜色呈淡黄色
堆肥体积	腐熟的堆肥,肥堆的体积比刚堆肥时塌陷 1/3~1/2
碳氮比(C/N)	一般为 20~30:1(其中五碳糖含量在 12%以下)
腐殖化系数	30%左右

外来农家肥料应确认符合要求后才能使用。商品肥料及新型肥料必须通过国家有关部门的登记认证及生产许可,质量指标应达到国家有关的标准要求。

三是无公害科学施肥技术:经济合理施用氮肥。茼蒿、蕹菜、生菜、芹菜、菠菜等绿叶菜类露地栽培的氮肥施用量在 120~150 千克/公顷为宜。另据研究,氯化铵和硫酸铵较其他氮肥品种可明显降低蕹菜、茼蒿中硝酸盐的积累。从产量与品质两方面综合考虑,氮肥品种以铵态氮与硝态氮各半的硝酸铵为最佳,严格执行氮肥施用安全间隔期。据报道,在收获前 14 天施氮肥的青菜,其硝酸盐含量为 3 223 毫克/千克,而收获前 4 天施氮肥的青菜,其硝酸盐含量则为 4 022 毫克/千克,经统计有显著差异。这是因为蔬菜吸收的氮素不管是铵态氮或是硝态氮都需要一个转化时间,形成氨基酸和蛋白质后,体内硝酸盐含量自然就降低了。对于茼蒿等速生绿叶菜来说,氮肥更宜早期施用且施用量不宜过大,否则产品内硝酸盐含量极易超标,追施氮肥后8~10天,为蔬菜上市的安全期。

大力增施有机肥。因为有机肥料和化学肥料是两类不同性质的肥料,主要优点见表4-5。

表4-5 有机肥料与化学肥料性质和特点的比较

有机肥料	化学肥料
1.含有一定数量的有机质,有显著的改土作用	1.不含有机质,只能供给矿质养分,没有直接的改土作用
2.含养分种类多,但养分含量低	2.养分含量高,但养分种类比较单一
3.供肥时间长,但肥效缓慢	3.供肥强度大,肥效快,但肥效不持久
4.既能促进作物生长,又能保水保肥,有利于化学肥料发挥作用	4.虽然养分丰富,但某些养分易挥发、淋失或发生强烈的固定作用,降低肥效

在无公害生产中,施用有机肥可以显著降低茼蒿、蕹菜等蔬菜中硝酸盐含量;施用沤制的堆肥和生物肥料,可以改变土壤耕作层微生物区系,抑制有害病原菌,减少作物病害。在长期使用化肥的菜田,由于微生物十分稀少,有机质分解受阻,营养元素流失,应进行生物肥料和化学肥料混合使用,以弥补生物肥料中氮含量的不足,又使化肥不易淋失。除传统农家肥外,当前主要使用的人造有机肥见表4-6。

表 4-6　当前主要使用的人造有机肥

肥料名称	性质及特点	使用方法
三本农好有机肥	含 N 12%，P_2O_5 6%，K_2O 7%，有机质 10%，Ca、Mg 5%。中性，可改良土壤，是多类蔬菜专用复合肥	有基肥和追肥两种类型。使用方法见包装袋上说明
益农微生物有机肥	有益微生物和有机质复混生物肥料	基肥每 667 $米^2$ 施 100 千克。可撒施和穴施
超大微生物有机肥	天然海洋性、陆生性优质有机营养物质为主要原料的固态微生物肥	基肥每 667 $米^2$ 施 50 千克，追肥每次 5 千克
奥普尔有机腐殖酸活性液肥	腐植酸、腐植酸盐及 16 种以上氨基酸等有机营养成分，可激发土壤活力，提高土壤有机质及矿物质营养	常规土施或叶面喷施，每 667 $米^2$ 每次以 75～100 毫升原液加 600～1 000 倍水喷施，施用 2～4 次，每次间隔 10 天
高效氨基酸复合微肥	含 10 余种氨基酸等有机营养成分，可提高作物光合作用强度	原液加 300～500 倍水，叶面喷洒，作根外追肥
植物动力 2003（PP2003）	含 100 多种有机、无机物，利用螯合技术制成的植物营养液肥	原液加 1 000～1 500 倍水，叶面喷洒，作根外追肥

四是叶面喷施多元微肥：根据施肥理论最小养分律可知，在作物产量提高的进程中，首先是氮、磷、钾或先或后成为影响作物产量提高的最小养分，施用相应的大量元素肥料可以取得明显的增产效果。实践证明，在施用微肥的两种方式中，叶面喷施微肥比土壤施用固体微肥效果更好。叶面喷施微肥，除了具有用量少、成本低、见效快和不污染的优点外，还可避免由于土壤施肥不匀致使局部土壤浓度过高而产生肥害的危险。尤其对于茼蒿、蕹菜等绿叶菜来说，由于其根系较浅，生长迅速，对肥水要求条件高，生产上喷

施多元微肥有较好的增产效果。有条件的地区提倡推广涂层尿素、长效碳酸氢铵、可控缓释肥料、包裹农药肥料、根瘤菌肥、多元复合肥。

五是推广平衡(配方)施肥技术:平衡施肥是国际上施肥技术发展的3个阶段之一。第一阶段是矫正施肥,在产量低的情况下,实行缺什么养分施什么肥料的矫正施肥即可奏效;第二阶段是平衡施肥,当作物产量较高时,只有实施平衡施肥才能收到预期的高产、优质、高效的综合效果。平衡施肥需要经历一个相当长的时期。第三阶段是维持性施肥,当土壤肥力相当高时,有效养分含量相对很高,为了保持土壤肥力不下降和维持作物产量在高产水平,只需施用适量肥料,确保达到土壤肥力不减和高产的目的。根据农业部行业标准,平衡施肥是合理供应和调节植物必需的各种营养元素,使其能均衡满足植物需要的科学施肥技术。就其实质而言,平衡施肥和配方施肥的特点与功效是一致的。推广应用平衡施肥(或配方施肥)新技术,无疑可以收到高产、优质、高效的综合效果,对促进我国农业可持续发展有积极作用,也是无公害蔬菜生产中一项重要的基础性技术措施。

在茼蒿、蕹菜无公害栽培中,施肥量和施肥种类应以土壤养分测定分析结果、作物需肥规律和肥料效应为基础来确定,并根据土壤肥力、作物生育季节长短和生长状况进行施肥。基肥以有机肥为主,配合施用化肥。每667平方米施优质有机肥(有机质含量9%以上)3 000~4 000千克,养分含量不足可用化肥补充。基肥中的磷肥为其总施肥量的80%以上,氮肥和钾肥为其总施肥量的50%~60%,余下部分可作为追肥。

第五章 茼蒿无公害高效栽培技术

一、生物学特性

(一)形态特征

茼蒿为菊科茼蒿属一二年生草本植物,作一年生栽培。直根系,侧根及须根多,主要根群分布在10~20厘米的土层中,为浅根性蔬菜。

茎直立,浅绿色,分枝力强,柔嫩多汁。在营养生长期茎高20~30厘米;春季抽薹开花后,茎高可达60~90厘米。植株自叶腋处分生侧枝。

根出叶,无叶柄,叶基部呈耳状抱茎。叶互生,叶肉厚,具二回或三回羽状深裂,有不明显的白茸毛,叶缘锯齿状或有深浅不等的缺刻。

春季抽薹开花,主茎或分枝的顶端着生头状花序,单花为舌状,黄色或黄白色(图5-1)。自花授粉,遇有昆虫来访时也能发生异花授粉。果实为瘦果,有3个突起的翅肋,翅肋间有几条不明显的纵肋,无冠毛,褐色。每个果实含1粒黄色种子,生产上播种用的种子实际上是果实。瘦果千粒重1.8~2克,种子寿命2~3年,使用年限1~2年。

(二)对环境条件的要求

茼蒿的生长发育周期可分为营养生长和生殖生长两个阶段,但在商品菜生产中茼蒿的生育期很短,属速生蔬菜,对环境条件的

适应性也较强。其对基本生活条件的要求是:

1.温度　茼蒿属半耐寒性蔬菜,性喜冷凉温和而湿润的气候,不耐严寒和高温,但适应性较广,在10℃~30℃温度范围内均能生长。种子在10℃左右即可缓慢发芽,但发芽最适温为15℃~20℃。植株生长适温17℃~20℃,12℃以下生长缓慢,30℃以上生长不良,叶片小而少,纤维多,品质差。可耐短时间0℃左右的低温。

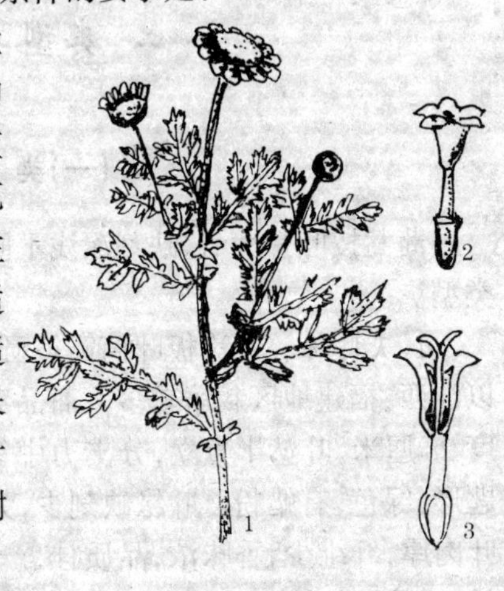

图5-1　茼蒿花序及花器结构

1. 花序　2. 花的外形

3. 花的纵切面

2.光照　茼蒿属于长日照植物,夏季高温长日照条件下,植株长不大就抽薹开花。茼蒿对光照强度的要求不严格,较耐弱光,温室或大棚冬、春、秋季栽培一般不抽薹,产量高,品质好。

3.水分　茼蒿属浅根性蔬菜,生长速度快,单株营养面积小,要求充足的水分供应。土壤需经常保持湿润,土壤相对湿度70%~80%,空气相对湿度85%~95%为宜。水分不足会使茎叶硬化,品质变劣。

4.土壤和养分　茼蒿对土壤要求不太严格,但以保水保肥力强、土质比较疏松的壤土或沙质壤土为好。土壤pH值以5.5~6.8最适茼蒿生长。由于生长期短,且以茎叶为产品,生长期间要求较多的肥水,生产上要适时追施速效氮肥。

二、类型与品种

(一)类　型

茼蒿按叶片大小、缺刻深浅不同,可分为大叶种和小叶种两大类型。

1. **大叶种**　又称板叶茼蒿或圆叶茼蒿。全国各地均有栽培,以江西、福建地区栽培较多。商品菜成株株高 20 厘米左右,开展度 28 厘米,叶丛半直立,分支力中等,嫩枝短而粗。叶片宽大,呈匙形,绿色,有蜡粉。叶缘缺刻少,为不规则粗锯齿状或羽状浅裂。叶肉厚,纤维少,香味浓,品质佳,产量较高。但生长缓慢,生长期长,成熟期较晚。较耐热,耐寒力不强,适宜南方种植,以食叶为主。

2. **小叶种**　又称细叶茼蒿或花叶茼蒿。北京地区种植较多。株高 18 厘米左右,开展度约 18 厘米。叶片狭小,缺刻多而深;叶片薄,叶色较深,有不明显的白茸毛;分枝多,嫩枝细。嫩茎及叶均可食用,香味浓,但质地较硬,品质不及大叶茼蒿,且产量较低。但生长快,早熟,耐寒力较强,适宜北方栽培。

(二)品　种

1. **上海圆叶茼蒿**　属于大叶品种。叶片肥大,叶缘缺刻浅,以食叶为主,分支性强,产量高,但耐寒性不如小叶品种。

2. **蒿子秆**　是北京农家品种,食用嫩茎叶的小叶品种。茎较细,主茎发达,直立。叶片狭小,倒卵圆形至长椭圆形,叶缘为羽状深裂,叶面有不明显的细茸毛。生长期 30 ~ 60 天,宜采收主茎 20 厘米以上植株,若采收不及时则纤维增多,茎中空,品质下降。耐寒力较强,产量较高。

3. 花叶茼蒿 陕西省地方品种。叶狭长,为羽状深裂,叶色淡绿,叶肉较薄,分枝较多,香味浓,品质佳。生长期短,耐寒力强,产量高。适于日光温室和大棚种植。

4. 板叶茼蒿 台湾省农友种苗公司特选而成,也叫大叶茼蒿。叶簇半直立,分支力中等,食用株高 21 厘米,开张度 28 厘米。茎短粗、节密,淡绿色。叶大而肥厚,汤匙形,长约 18 厘米,宽约 10 厘米,叶片稍皱缩,绿色,有蜡粉。叶柄长 1.4 厘米,宽 0.4 厘米,浅绿色。喜冷凉,不耐高温,较耐旱、耐涝,病虫害少,适于日光温室和大棚栽培。

三、露地栽培技术

(一)栽培季节与栽培茬口

茼蒿在北方地区春、夏、秋三季都可进行露地栽培。春季栽培的播种期多在 3~4 月份,但寒冷地区早春播种时还应加设保护设施;秋季栽培在 8~9 月份分期播种,也可在 10 月上旬播种。夏季栽培时,由于气温较高,茼蒿品质稍差,产量也低,北方高寒地区多采用夏播。

南方地区秋、冬、春季均可栽培,但以春、秋季种植较多。长江流域春季栽培的于 2 月下旬至 4 月上旬分期播种;秋季栽培 8 月下旬至 10 月下旬均可播种,最适宜的播期是 9 月下旬。广州地区从 9 月至翌年的 1~2 月份可随时播种。

茼蒿为周年生产,因此安排好茬口很重要。一般秋播以豆类为前作最理想,早熟的茄果类和瓜类次之。第一次收获后可套种白菜或芹菜。而春播则以白菜和芹菜为前作,而后种瓜类和豆类蔬菜。

(二)春露地栽培

1. **品种选择** 春露地栽培多选用耐寒力较强、生长快、早熟的小叶茼蒿品种。

2. **整地施肥** 茼蒿生长期短,要获得高产、优质,应选择肥沃疏松的壤土或砂壤土。每667平方米施入符合无公害茼蒿生产要求的优质农家肥5 000千克,过磷酸钙50千克,并施入尿素15千克。将各种肥料混匀后普施地面,翻耕并整平做畦,畦宽1~1.5米,畦内再耙平并轻压1遍,以防灌水后下陷。

3. **播种** 除少数地区采用育苗移栽,绝大多数地区进行直播。春播时为促进出苗,播种前宜进行浸种催芽。方法是用30℃左右的温水将种子浸泡24小时,捞出用清水冲洗去杂物及浮面的种子,控干种子表面水分,在15℃~20℃温度下催芽。催芽期间每天检查种子并用清水淘洗1次,防止种子发霉。待种子有60%~70%"露白"时即可播种。

播种方法可采用撒播,每667平方米用种量3~4千克。播前灌水造墒,水渗下去后均匀撒播,播后覆土厚约1.5厘米。也可以采用开沟条播,即先开出1~1.5厘米深的浅沟,行距(沟距)8~10厘米,沟内撒入种子,覆土后浇水。春季温度偏低的地区播种后应加盖地膜防寒,也可加设风障。

4. **间苗除草** 一般播种后6~7天可出齐苗。当幼苗长有2片真叶时开始间苗,拔去生长过密处的苗。当幼苗具3片真叶后,进行第二次间苗并定苗,撒播的留苗距离为4厘米见方,条播的株距保持3~4厘米;此时间拔的秧苗可作商品上市。结合间苗拔除田间杂草。

5. **水肥管理** 茼蒿播种后应保持土壤湿润直至出齐苗。齐苗后适当控制浇水,促使根系下扎,防止徒长及发生猝倒病。株高10厘米左右进入旺盛生长期,要加强浇水和追肥。水分以保持畦面见干见湿为宜,追肥以速效氮肥为主,结合浇水每667平方米施尿素15千克。以后每采收1次要追肥1次,每次每667平方米用尿素10~20千克或硫酸铵15~20千克,以勤施薄肥为好。但下一次采收距上一次施肥应有7~10天以上的间隔期,以确保产品达到无公害质量标准。

6.采收　茼蒿通常在幼苗出土后35~45天,株高15~20厘米时开始采收。一般采取割收,即用锋利的刀具在主茎基部留2~3片叶割下,使其发生侧枝。割后加强水肥管理,促进侧枝再生,可继续收割,直至抽薹现蕾前。每667平方米产量1 000~1 500千克。

(三)秋露地栽培

秋季露地栽培一般选用耐热力较强、品质好、产量高的大叶茼蒿品种。整地做平畦后,每667平方米施腐熟有机肥约4 000千克做基肥。

种子用凉水浸种24小时后播种,也可在浸种催芽后播种。可采用先浇底水后撒播覆土的方法,也可开沟条播。条播时,按行距10~15厘米开沟,沟深约1.5厘米,播种后覆土浇水。如气候干燥,表土发干时,应再轻浇1次水,以免表土板结,妨碍出苗。每667平方米播种量2.5~3千克,密植软化时,播种量可增加到3~4千克。秋季温度适宜,适当密植,苗子生长快,可起到软化作用。

幼苗具1~2片真叶时间苗,苗距3~4厘米。间苗后结合浇水每667平方米施尿素10~12千克或硫酸铵10~15千克。植株8~10片真叶时,再顺水追施1次速效氮肥,施肥量与第一次相同。浇水根据植株长势及天气状况,以保持土壤见干见湿为宜。

出苗后35~40天,苗高15~20厘米时,选大株分期分批连根拔收。也可以分次割收,每次收割后浇水、追肥,加速侧枝生长,共收获3~4次。每667平方米产量约1 500千克。

若秋播日期较晚，植株生长后期温度下降到10℃以下，可采取临时塑料小拱棚覆盖，以延迟收获期。

四、保护地栽培技术

（一）塑料中、小拱棚春早熟栽培

春季采用小棚或中棚等保护设施栽培茼蒿，播种期可安排在2～3月份，较春露地栽培提前20天左右，收获期也相应提前到4～5月份。目前，此种栽培方式在北方地区的生产面积较大。

1.整地扣棚 选择背风向阳、疏松肥沃的砂壤土地。在上年秋季封冻前整地施肥，翻地20厘米深。施腐熟有机肥4000千克，耙平整细做畦，畦宽1米，畦长15～20米，畦东西延长。封冻前挖好拱棚支架坑，以备翌年春季提早埋支架。拱棚支架可用竹板、竹条或钢筋等。拱棚宽2～4米。在2月上旬至3月上旬扣棚膜，棚膜拉紧压实，防止刮风损坏。扣棚后封闭薄膜，促使棚内冻土尽早融化，以提早播种。

2.精细播种 2月下旬至3月下旬，当5厘米深土壤温度稳定在10℃左右即可播种。小拱棚茼蒿栽培多采用条播，操作简便，省工省力。灌足畦水，按行距7～8厘米开浅沟，沟内播种，然后覆土1.5厘米厚。稍稍踩实土壤，使种子与土壤密切结合，利于种子萌发。每667平方米用种子3～3.5千克。

3.温度管理 播种后封闭棚膜，出苗前不放风。如棚内温度低于10℃，应在棚膜上加盖草帘。天晴时，白天揭开草帘使棚内温度上升，傍晚盖上草帘保温。10天左右出苗。出苗后，棚温白天保持18℃～20℃，超过25℃通风；夜间保持12℃～15℃，防止徒长。

4.肥水管理 2片真叶后，间苗1～2次，苗距3～4厘米。8

片叶以前一般不追肥、灌水，防止拱棚内湿度过高而发生猝倒病。8～10片真叶后生长加快，结合浇水追施速效性化肥，一般每667平方米施尿素15千克，或硫酸铵15～20千克。浇水后注意通风排湿。

5.适期收获　株高15厘米左右可一次性齐地面割收或分次收割，分次割收时留2～3个侧枝。采收期较春露地栽培提早15～20天。采收后随外界气温的升高，揭除棚膜，加强肥水管理，促进生长，可继续采收2～3次。

（二）塑料大棚（或日光温室）秋延后栽培

北方地区10月份在大棚或日光温室中播种，12月份至翌年3月份收获，可增加蔬菜淡季市场供应，经济效益较好。

选用耐寒力较强的小叶茼蒿。播种期一般比秋露地栽培推迟20～30天。

前作收获后清除残株，揭开棚（室）膜，深耕20厘米，晾晒3～5天后，每667平方米施腐熟有机肥2500～3000千克，浅耕后耙耱做平畦。

播前种子进行浸种催芽，按15～18厘米行距，开幅宽6～7厘米、深1.5～2厘米的沟，撒种子后覆土，浇水。也可以先用育苗盘育苗，苗高约7厘米时，按株行距10～15厘米定植。

外界平均气温降至12℃以下时扣膜。扣膜前间苗、拔草，结合浇水每667平方米施10千克尿素。棚（室）内白天温度超过25℃时通风，夜间温度低于8℃时加盖草帘，使温度保持在12℃左右。

播种后40天左右，苗高10厘米以上，生长加快，选晴天上午结合浇水每667平方米施尿素10千克，浇水后注意通风排湿。棚（室）的薄膜上如有大水珠往下滴，表示空气湿度太大，应加强通风，防止发生病害。

12月份苗高达15厘米以上，可开始收割，捆把上市。至翌年3月份以前收割3～4次。每次收割后应浇水、追肥，促进侧枝生长。

（三）日光温室冬、春季栽培

茼蒿生长期短，病虫害少，适应性和耐寒性较强，且较耐弱光，可排开播种及作为主栽培蔬菜之前后茬，因而很适于日光温室冬季和早春栽培。一般北方地区播种期在10月上旬至11月中旬，春节期间收获，经济效益较高。其栽培的技术要点是：

1. 选用耐寒力强，分枝多的品种 冬、春季低温和寒冷期日光温室反季栽培各茬茼蒿，以选用花叶种为宜。花叶种叶片缺刻深，分枝较多，品质好，耐寒力也较强。在日光温室适宜环境条件下，一般从播种至采收商品鲜菜40～50天，可反季多茬直播栽培，不断采收上市供应。目前，多采用的品种主要有花叶茼蒿和板叶茼蒿。

2. 以施基肥为主，辅之以追肥 茼蒿的生长期较短，在施肥上不仅要求以基肥为主，而且要求基肥是速效性的，以及时供应茼蒿生长需要。如果仅以速效性氮、磷、钾化肥作基肥，因茼蒿生长期间浇水较勤，易造成土壤板结，从而使根系发育不良而影响地上部生长。所以还必须增施充分发酵腐熟的有机肥作基肥。一般每667平方米施入优质有机肥3 000～5 000千克，过磷酸钙50～100千克，碳酸氢铵50千克，然后深翻，混匀土壤和肥料。整平后做成1～1.5米宽的畦，畦面耙平踩实。

3. 适当密植，提高品质和产量 在高肥水条件下，密植和适时早采收，是日光温室茼蒿高产、优质的主要因素。一般每667平方米播种量1.5～2千克。播种前浸种催芽，采用撒播或条播。播前将畦面用喷壶浇足底水，水渗下后均匀地在畦或沟内播上种子。条播时行距15～20厘米，播种后覆细土1厘米厚。出苗后可疏苗也可不疏苗。若疏苗,一般株距4~5厘米,667平方米可植苗7万~11万棵。密植不仅可增加群体产量,而且还促进茎叶直立软化,提高品质。

4.立足于“促”字,加强栽培管理 茼蒿生长期短,在栽培上不宜蹲苗,从出苗到割收或拔收一直要采取促进营养生长的措施。在棚室温度管理上做到白天控制在18℃~23℃,夜间维持在12℃~18℃。当棚内气温达25℃时即通风降温。茼蒿出苗20天后营养生长进入旺盛期,对速效氮、钾肥要求迫切,且喜潮湿怕干旱,需要田间经常保持湿润。依据这些特性,在水肥供应上,从出苗到收获每5~7天浇1次水,前15天只浇水不追肥,后25~30天追施2次氮、钾化肥,每次每667平方米追施尿素10千克和硫酸钾15千克。也可叶面喷施0.3%磷酸二氢钾,以利于增产。

5.疏苗采收和留杈割收 温室茼蒿在播种密度较大的情况下,可采取小苗期不间苗,当苗高12~15厘米时疏苗采收。疏苗采收后7~10天再留杈割收。割收时留主茎基部1~2个侧枝,然后浇水、追肥,促进侧枝萌发生长。侧枝生长20~30天左右可再次收获。3次采收,总计每667平方米可产茼蒿5 000千克以上。

五、间作套种技术

茼蒿生长期短,株型矮小,栽培适应性广,病虫害较少,十分适合与其他作物实行间作套种。这样可以充分利用时间、空间和地力,提高水肥利用率,还可以充分利用和发挥作物间的相互作用,能够取得良好的经济效益和社会效益。下面介绍一些生产上采用的茼蒿间作套种方式。

(一)春季大棚茼蒿套种茄果类作物

利用茼蒿耐寒性比较强,对光照要求不严格,收获期伸缩性大的特点,春季在塑料大棚主栽作物(如茄果类或瓜类)定植前抢种1茬茼蒿,可充分利用大棚光热资源,增加淡季市场供应。茼蒿一般在2月份进行条播,行距8~9厘米。做平畦,畦宽1.2米,在每个畦面中间播5~6行,占畦面60~70厘米。畦格两侧3月份定植主栽蔬菜,定植后茼蒿继续生长,随主栽作物定植灌水、追肥1次;定植后其他管理按照主栽作物要求处理,达到采收标准后及时采收。

(二)秋季大棚黄瓜套种茼蒿

秋天利用大棚内黄瓜、辣椒、茄子等收获结束前25天左右摘掉植株底叶,灌水后松土,播种茼蒿。茼蒿出苗后不久,割掉前茬秧蔓,加强田间管理。前期棚内温度比较高,适当通风,控制在25℃以下;后期温度低,保持在15℃以上。当苗高10厘米左右灌1次水,结合灌水追1次肥。收获前一般不再追肥、灌水。当棚内最低温度降到5℃时开始收获。

(三)番茄、冬瓜、青蒜、茼蒿立体高效种植

北京地区番茄于11月上旬育苗,2~3叶期移苗,2月中旬定植,4层覆盖,4月中、下旬上市,7月离田;冬瓜于3月上旬育苗,4月上、中旬套栽于棚架下内侧番茄中间,6月底7月上旬上市;青蒜于7月下旬条播,10月上、中旬上市;茼蒿选用较耐寒的大叶茼蒿种,于11月上旬播种,每畦搭1个小拱棚,相邻两个小拱棚上面再搭1个中棚,覆盖棚膜。棚温过高时揭膜通风,夜温过低时棚上加盖草帘防寒。翌年元月上旬至春节前上市。

(四)马铃薯、甜瓜、糯玉米、大白菜、茼蒿、冬青菜间套种

这是一种经济效益和社会效益较为显著的多熟立体高效复种模式。长江、淮河流域通常马铃薯于2月进行种薯催芽,3月上旬

大田播种,5月下旬采刨上市;甜瓜3月育苗,4月下旬与马铃薯套植,6月下旬至7月下旬采收;糯玉米于5月下旬即马铃薯采收后随即套播于甜瓜畦中,8月上旬至8月中旬采收,采后铲除秸秆;大白菜于7月下旬即甜瓜采收后条播于玉米畦中,9月下旬采收;秋茼蒿于9月中旬即白菜束叶后套播于株行间(或白菜采收后全田撒播),待苗龄35天即株高15厘米时始收,11月中旬采收完毕;冬青菜于10月上旬播种育苗,11月中旬(即茼蒿采收后)待苗龄35天以上、有5~6片真叶时,择壮苗栽植,春节前后上市,2月底采收完毕。

(五)茼蒿、番茄、丝瓜、大白菜高效种植模式

在江苏等地区,12月中、下旬直播茼蒿,采用小拱棚薄膜覆盖栽培,春节前后分批采收上市;番茄于11月底至12月初温床育苗,3月底至4月初地膜移栽,5月中、下旬开始上市,6月下旬收获结束;丝瓜2月底至3月初温床育苗,清明前后套栽于番茄四周,8月上、中旬采收结束;大白菜于8月上、中旬育苗,9月上、中旬地膜移栽,12月中旬前后采收结束。

六、采种技术

茼蒿有3种采种方法,即春露地直播采种、育苗移栽采种和埋头采种。

(一)春露地直播采种

3月上、中旬将种子撒播在平畦中,播后浇水。每667平方米播种3~3.5千克。幼苗长出2片真叶时间苗,苗距8~9厘米见方。在这种密度下,单位面积的主花枝花序总数比较多,种子质量较高;如果稀植,侧枝增多,而主花枝花序总数相对减少,种子质量

不如前者。

茼蒿种株的开花结果期正值夏季高温多雨期,很容易倒伏,严重影响种子产量和质量,所以苗期应蹲苗,使花枝粗壮,防止后期种株倒伏。苗期多中耕少浇水。6月上旬,当主花枝上的花序即将开花时,结合浇水每667平方米施尿素10千克,以后仍要适当控制浇水。进入5月份,随气温升高,增加浇水次数。当主花枝上的花已凋谢,开始结果后,叶面喷施0.2%~0.3%磷酸二氢钾水溶液1~2次。种子成熟前减少浇水。

7月中旬开始采收种子。由于种株主花枝和侧花枝上花序的开花期和种子成熟期不一致,为保证种子产量和质量,最好分2次采收。第一次主要收主花序和第一次侧花枝上花序的种子;第二次采收第二次侧花枝上花序的种子。第二次采收后,将种株割下晾晒。晾晒至叶片萎蔫时便可脱粒。每667平方米可产种子60~80千克。

春露地直播采种,出苗晚,种株生长期短,花枝较细弱,花期和种子成熟期较晚,所以种子产量和质量不如以下两种采种方法。

(二)育苗移栽采种

较春露地直播采种提早半个月左右,于2月上旬至3月上旬在阳畦或温室育苗。采用条播,行距10厘米,大约6~7天出齐苗。待清明前后苗高5~10厘米即可定植于露地。按行距40厘米做东西向小高垄,垄高13~15厘米。将茼蒿种株按穴距30厘米栽在垄沟的北侧,每穴栽4~5株。这样栽植的好处是:垄北侧阳光充足,土温较高,缓苗快;可以随着种株的生长,分次培土,防止倒伏。定植后要浇定植水,此后控水蹲苗,促使幼苗生长健壮,防止徒长。当主枝和侧枝初现花蕾(大约在5月中旬),分别浇水、施肥,并适当增施速效性磷、钾肥。为了多发枝,多开花,可在主枝现蕾时摘心,促进侧枝发育。在6月底终花期停止浇水,使植株的营养向种子输送,提高种子的饱满度。7月初开始分期采收种子。采种时,因种子易散落,故用小布袋边采边装。最后去除杂质,收袋贮存。每667平方米产种量在100千克左右。

育苗移栽采种植株开花、结果期较春露地直播采种提早半个月左右,种子产量和质量也比较高。

(三)埋头采种

立冬前后露地直播,一般当年不萌发,即使有些种子萌发,也会被冻死,所以每667平方米播种量要增加到4千克左右,以防止翌年缺苗。

采用这种方法采种,翌年春季出苗早,3月中、下旬至4月上旬苗可以出齐,种株生长较健壮,茎秆较粗,种子产量较高,比春露地直播采种每667平方米可增产种子15~20千克。

第六章 蕹菜无公害高效栽培技术

一、生物学特性

(一)形态特征

蕹菜属旋花科牵牛属,一年生或多年生蔓生植物。根系比较发达,为须根系。用种子繁殖的蕹菜,主根深入土层 25 厘米左右;用茎节无性繁殖时,茎上发生的不定根长达 30 多厘米。

蕹菜茎蔓性,圆形,中空,匍匐生长,质地柔软,绿色或浅绿色,也有呈紫红色的品种。茎上叶腋中萌发侧枝的能力很强。蕹菜主茎收获后,其基部的 1~2 个腋芽开始萌发,1 次分枝迅速生长;1 次侧枝收获后,其基部的 1~2 个腋芽又开始萌发,形成第二次分枝,以后侧枝数目的增加以此类推。

子叶对生,马蹄形;真叶互生,叶柄较长,叶片长卵圆形,基部心脏形,也有短披针形或长披针形的品种。叶片全缘,叶面平展、光滑,叶色一般为绿色或黄绿色,有的品种略带紫红色。嫩叶为主要食用器官。

花自叶腋生出,完全花,漏斗状,形似牵牛花,白色或微带紫色。果实为蒴果,卵圆形,内有种子 2~4 粒,种皮厚而坚硬,浅褐色、黄褐色、深褐色至黑色,表面有白色茸毛。种子千粒重 40~45 克左右,使用年限 1~2 年(图 6-1)。据王广印(1994 年)、刘义满(1996 年)等试验,蕹菜种子种皮颜色越深,种子越饱满,千粒重越大,成熟度越高,其发芽率、田间出苗率也随之提高,因此,建议生产上选用种皮颜色较深的大粒种子播种。

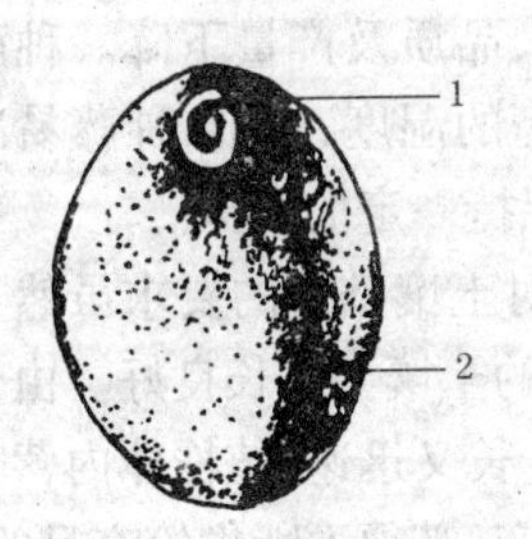

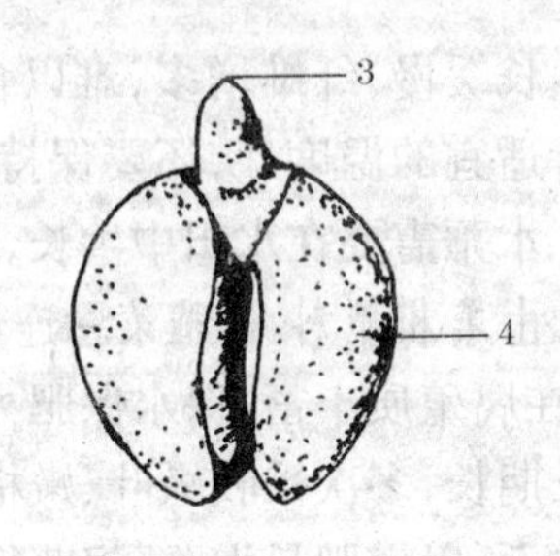

图 6-1　蕹菜种子　（吴志行，1986）

1. 发芽孔　2. 种皮　3. 胚根

4. 胚乳内部包有子叶

(二)对环境条件的要求

1. 温度　蕹菜喜温怕寒。种子萌发需 15℃以上温度，幼苗期生长适温为 20℃～35℃。茎、叶生长适温为 25℃～30℃，15℃以下生长缓慢，10℃以下停止生长。不耐霜冻，遇霜冻茎叶枯死。可耐 35℃～40℃的高温，盛夏季节生长旺盛，且采收间隔时间缩短。在无霜期长、温度高的地区，春、夏、秋三季均可种植，特别是在高温多雨的夏季，生长迅速，是夏季上市的重要绿叶菜之一。无性繁殖的种藤，窖藏温度应保持在 10℃～15℃；种藤腋芽萌发初期要求 30℃以上的温度，有利于出芽迅速、整齐一致。

2. 光照　蕹菜为短日照作物，要在短日照条件下才能开花。但不同的类型及品种对短日照条件要求的严格程度有差异。子蕹对日照长短的要求一般不太严格。在南方，当日照缩短后，于 8～9 月份开始开花结籽；在北方日照过长的地区，要到 9 月中、下旬后甚至更晚才开花结籽，但种子不易成熟，留种困难。有些品种甚至在长江流域或华南地区都不能开花，或开花后不结实，所以只能用无性繁殖。藤蕹对日照的要求比较严格，在长江流域也往往不能开花结籽，或开少量花而不结籽，因此，一般采用无性繁殖。

3. 水分　蕹菜喜较高的空气湿度和湿润的土壤。遇干旱时藤蔓生长缓慢，纤维增多，难以食用，品质及产量下降。种藤窖藏除保持适宜的温度外，还要保持较高的湿度，否则，种藤易冻死或干枯。水蕹需要在水田中生长，并保持一定的水深。

4. 土壤和肥料　蕹菜忌连作，对土壤条件的要求虽然不很严格，但在腐殖质丰富、保水保肥力强的土壤上生长良好。由于蕹菜的生长期长，多次采收嫩叶、嫩梢，生长又迅速，植株体内营养消耗多而快，所以需肥量大，要想获得丰产，必须不断供给充足的肥料。除施足基肥外，在生长期间应多次追肥。据研究，蕹菜在初收获时，平均每株吸收氮 40.5 毫克，磷 10.5毫克，钾 87.2 毫克，说明蕹菜对养分的吸收以钾最多，氮次之，磷最少。其吸收量和吸收速度均随着生长而逐渐增加。另外，氮、磷、钾的吸收比例各生育期也不尽相同，生长 20 天前氮、磷、钾的吸收比例为 3∶1∶5；生长到 40 天时(采收时)，氮、磷、钾的吸收比例为 4∶1∶8，即在生长后期对氮、钾的吸收比例有所增加。所以，蕹菜施用追肥时，不仅要施速效性氮肥，而且要配合施用磷、钾肥。

二、类型和品种

(一)子蕹和藤蕹

蕹菜依照是否结籽(种子)，分为子蕹(图 6-2)和藤蕹(图 6-3)两个类型。

1. 子蕹　子蕹为结籽类型，一般在旱地栽培，也可在水地栽培。生长势强，茎粗，叶片大，夏秋季节自叶腋中抽生花梗，开花结实，栽培较普遍。以种子为繁殖器官，也可扦插繁殖。根据花的颜色又可分成白花子蕹和紫花子蕹。

(1)白花子蕹　花白色，茎秆绿白色，叶长卵圆形，基部心脏形。茎、叶粗大，产量高，质地柔嫩。适应性强，分布较广。有以下优良品种：

①吉安大叶蕹菜　江西省吉安市传统的优良地方品种。产量高，品质好，采收期长，适应性与抗逆性均强。深受各地菜农欢迎。1991年该品种被国家农业部列为向全国推广的度淡蔬菜品种。

植株半直立或蔓生。株高40～200厘米，株幅约35厘米，茎叶繁茂。叶片大，心脏形，长13～14.5厘米，宽12～13.5厘米，深绿色，叶面平滑，全缘。茎黄绿色，近圆形，中空有节。茎粗1～1.5厘米。花着生在叶腋中，漏斗状，白色。种子卵圆形，种皮黑褐色。该品种耐高温高湿，适应性强，在早春低温至盛夏高温期间能较早上市，调剂淡季市场。抗病虫害及抗灾害能力强。对土壤要求不严格。种植成本低，产量高，效益好。生长期较长，从播种至开始采收需要50天左右，可持续收获70天，每667平方米产量3 000～3 500千克，高产者可达5 000千克以上。

吉安当地在春、夏、秋三季栽培。春季于3月下旬至4月初露

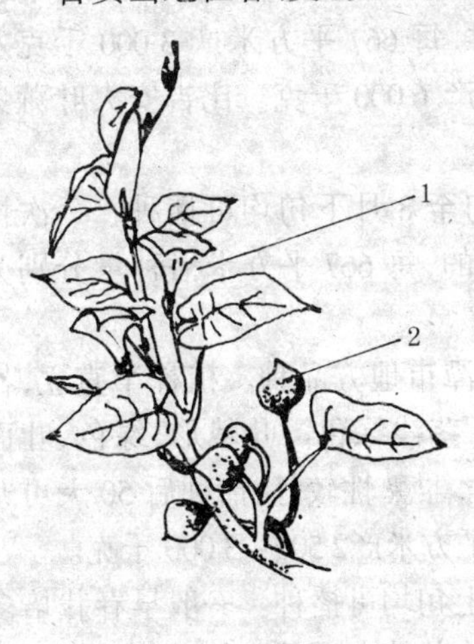

图6-2　子　蕹

1. 花　2. 果

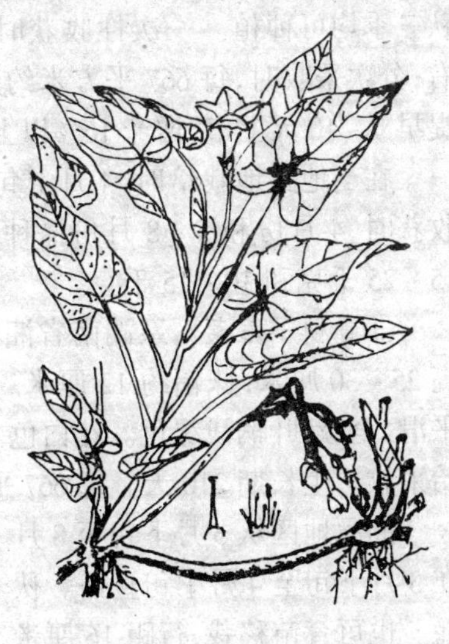

图6-3　藤　蕹

地直播，间苗2次，5月中旬至7月下旬采收。间出的幼苗可进行移栽，行株距各16厘米，移栽后30天开始采收。利用保护地设施育苗，播期还可提早到2月上旬。夏季于6月直播，7月初至8月中旬一次性采收。秋季于8月直播，9~10月收获。直播时多采用撒播。

吉安大叶蕹菜由于适应性强、产量高、品质好，种子畅销全国各地，曾出口泰国等东南亚地区。但20世纪70年代以来出现品种退化，混杂严重，质量不高等问题。为尽快恢复这一传统地方品种的优良特性，保护国家优良品种资源，其已被列为1991年全国"菜篮子"工程建设项目之一，在江西省吉安市和吉水县建立了种子良种繁育基地。

②赣蕹1号　江西省南昌市1977年从吉安蕹菜中选出的变异单株，1993年通过省级审定。株型紧凑。茎粗，近圆形。叶大，纤维少，脆嫩。品质好，适应性强。抗暴雨、抗病、耐高温。春、夏、秋三季均可种植。一次性收获时，每667平方米产3 000千克左右；分次采收时，每667平方米约产6 000千克。比吉安大叶蕹菜提早7~10天上市，增产16%以上。

在当地露地栽培时，4月上旬至8月下旬均可播种。一次性收获时，4月份和5~8月份播种的，每667平方米播种量分别为15~25千克和10~15千克。

③青梗子蕹菜　系湖南省湘潭市地方品种。植株半直立，株高25~30厘米，株幅约12厘米。茎浅绿色。叶戟形，绿色，叶面平滑，全缘，叶柄浅绿色。花白色。早熟性较好，播种后50天可开始采收。生长期210天。每667平方米产2 500~3 000千克。

湘潭地区从3月下旬至8月上旬均可播种。一般早春栽培多在3月下旬至4月中旬直播。秋季栽培在7月上旬至8月上旬直播。也可育苗移栽，行距16厘米，株距14厘米，每穴3~4株。直播时多采用撒播。

④大青骨　广州市郊区农家品种。植株生长势强,分枝较少。茎较细,青黄色,节间长。叶片长卵圆形,深绿色,叶脉明显。花白色。抗逆性强,耐涝,耐风雨,稍耐寒。为早熟品种,适宜水田早熟栽培。茎、叶质地柔软,品质优良,产量高。在南方从播种到开始采收一般为60~70天,每667平方米产5000~7000千克。

⑤上饶大叶蕹菜　江西省上饶地方品种。属旱生白花子蕹,株高48厘米,株幅40~47厘米。茎浅绿色。叶长卵圆形,前端渐尖,基部心脏形,叶面光滑,全缘,绿色。叶柄长14~18厘米。花白色。水、旱均可栽培,适应性强。

(2)紫花子蕹　花淡紫色。茎秆、叶背面、叶脉、叶柄及花萼均带紫色。纤维较多,品质较差,栽培面积较小。广西、湖南、湖北、四川及浙江、陕西等地有栽培。优良品种有以下2个:

①四川小蕹菜　茎蔓较细,节间短,较耐旱,早熟。主要食用幼苗。适于浅水栽培。

②浙江温州空心菜和龙游空心菜　前者适于浅水栽植,后者适于深水栽植。

2.**藤蕹**　藤蕹一般不开花结籽,用茎蔓进行无性繁殖。叶片较小,短披针形。茎、叶质地柔嫩,品质较好。生长期较子蕹长,所以产量比子蕹高。一般利用水田或沼泽地栽培,也可在低洼湿润的地方旱植。广东、广西、湖南、四川等地均有栽培。主要有以下品种:

(1)四川水蕹菜　四川水蕹菜又名四川藤蕹。叶片较子蕹小,短披针形。茎秆粗壮、柔嫩,品质好。主要在水田栽培,也可在低湿地栽培。

(2)广西博白小叶尖　博白县地方品种。在玉林、北流、桂平等地栽培。茎青绿色,肉质厚,脆嫩。叶箭形,叶型小,深绿色,叶端尖,所以又名“小叶尖”。品质脆嫩滑润。分支力强。耐肥,耐热,不耐干旱和低温。可以开花,花白色,但很少结籽,行扦插繁殖。

(3)丝 蕹　广州市郊区农家品种。又叫细叶蕹菜。是南方人喜爱的品种。植株矮小,茎细,节密,紫红色。叶片较细,呈短披针形,叶色深绿,叶柄长。耐热,耐风雨,较耐寒。质脆味浓,品质好,但产量较低。在南方每667平方米约产2 500千克。以旱地栽培为主,也可在浅水地栽培。

(4)泰国空心菜　从泰国引进,目前岭南普遍栽培,北方也已引进种植。茎绿色,嫩茎中空,分枝多,不定根发达。叶片狭长,竹叶形,长约12厘米,宽4~5厘米,色淡绿。茎、叶质地柔嫩,味浓,口感润滑,品质好。抗高温、雨涝等自然灾害能力强,夏季高温高湿生长旺盛,但不耐寒。由于生长速度快,生长期长,产量也高,一般每667平方米产3 000千克以上。对短日照的要求严格,开花少,不易结籽。

(二)旱蕹和水蕹

根据蕹菜对水分的适应性和栽培方法,可分为旱蕹和水蕹两个类型。旱蕹又称小蕹菜,茎蔓较细,节间短,味较浓,质地致密,产量低,较耐旱,适于旱地栽培。水蕹又称大蕹菜,适于浅水和深水栽培,茎叶较粗大,节间较长,易生不定根。嫩梢味浓,质地脆嫩,产量高,藤蕹大多属于这一类。还有的品种在水中和旱地均能很好生长。

(三)紫梗、白梗和青梗蕹菜

根据蕹菜茎秆的颜色可分为紫梗、白梗和青梗三类,其中青梗比白梗产量高,品质好。

三、栽培季节与栽培方式

(一)栽培季节

蕹菜一般作一年生栽培,华南一带冬季气温最低不低于10℃的地区,可作多年生栽培。繁殖方式有种子繁殖、分株繁殖、扦插繁殖等。北方地区常作夏连秋栽培,在无霜期内随时露地直播,40~50天后开始采收;育苗移栽的,一般春季晚霜过后幼苗定植露地。为了提早上市或延长供应期,早春可在保护地内栽培。于2月上旬前后在温室育苗,3月中旬前后定植于温室或大棚,4月中旬前后开始采收。也可于晚秋在日光温室栽培,作为特需蔬菜供应元旦和春节市场,获取较高的经济效益。

华南和西南地区早春回暖快,用种子繁殖的,一般于2~3月露地播种,4~10月采收上市供应;若采用塑料薄膜拱棚育苗,华南地区可以提前到1月份播种,3月份上市。江南地区露地栽培须推迟到4月份开始播种。近年来,华南地区采用塑料薄膜大棚栽培可在10月至翌年2月份播种,12月至翌年3月份采收。用无性繁殖的,西南地区(如四川)于2月份温床催芽,3月份在露地育苗,4月下旬定植露地;湖南地区于4月下旬扦插繁殖;华南地区则利用宿根新长出的嫩芽于3月份定植露地。

(二)栽培方式

蕹菜有3种栽培方式,即旱地栽培、水田栽培和浮水栽培,其中旱地栽培属于旱作,水田栽培和浮水栽培属于水作。根据不同地区的气候条件,旱地栽培又有露地栽培及保护地栽培两种方式。北方地区一般采用旱作,南方有旱作也有水作。旱作多采用早熟品种,选择子蕹类型,种子繁殖,直播或育苗移栽。水作大多采用中、晚熟品种,选择藤蕹类型,用茎蔓繁殖。

四、旱蕹菜栽培技术

(一)露地栽培技术

旱蕹菜露地栽培主要有种子直播和育苗移栽两种方法,也可用茎蔓无性繁殖进行扦插栽培。

1. **品种选择** 现蕹菜旱植大面积推广品种有赣蕹1号、吉安大叶蕹菜及泰国空心菜等,其株型紧凑,茎叶粗壮,适应性广,抗逆性强,且早熟高产,质地柔嫩,风味鲜美,商品性好。

2. **整地施肥** 蕹菜栽培应选择土壤肥沃、湿润、疏松的田块,耕翻晒土,施入基肥。每667平方米施入符合无公害蕹菜生产要求的优质堆肥2500~3000千克,或腐熟粪肥1700~2000千克,草木灰50~100千克,全田撒施,并与土壤充分混匀,耙细整平,然后做畦。一般采用平畦,畦宽1.3米,畦长8米左右。

3. **直　播**

(1)浸种催芽　蕹菜种皮厚而坚硬,早春播种时因温度低,出苗慢,遇低温多雨天气容易烂种,可以在播种以前进行浸种催芽。用30℃~40℃温水浸种2~3小时后捞出,在30℃温度下催芽。每天用清水淘洗1~2次,一般3天种子萌发露白后就可以播种了。

(2)化学除草　播种前可用除草剂喷洒畦面,否则杂草多,不易除去。每667平方米可用48%胺草磷乳油150~200毫升,或48%氟乐灵乳油100~150毫升,或33%除草通乳油100~150毫升对水50升左右喷雾处理土壤。用药后要及时混土3~5厘米。

(3)种及播后管理　北方地区春季最早可在晚霜结束时(4月下旬)直播,华南和西南地区一般于2月下旬,江南地区于4月上、中旬开始播种。播种可采取点播法，也可以采取条播法或撒播法。点播和条播比较好，便于锄草及管理。点播时株行距各为17～20厘米，每穴放种子2～3粒，每667平方米用种量2.5～3千克。条播时顺畦长开沟，沟深3～5厘米，沟距30厘米左右，每667平方米用种量约10千克。若采取撒播，一般出苗后可间苗采收上市，需加大用种量。播种越早，间拔采收上市次数越多，用种量越大，每667平方米用种量约在15千克以上。

播种后覆盖细土，踩实后浇1次透水。北方因气候干燥，为保证种子发芽及出土所需要的充足土壤湿度和良好通气状况，也可采用“落水”播种法，即播种前先在畦内灌水，等水渗完后撒播种子，而后用腐熟有机肥混土或单纯覆土保墒。近年来，一些地区采用覆土后在畦面上覆盖塑料薄膜的做法，以增温保湿，促进发芽。但用塑料薄膜覆盖的，要提早施用腐熟堆肥做底肥。如果所用堆肥未充分腐熟，盖塑料薄膜后膜内温度高，堆肥发酵时产生的高温易损伤幼苗，影响出苗。一般播种后5～7天出苗。齐苗后，选晴天中午温度较高时，边揭膜边喷水，促使幼苗迅速生长。温度降低时盖膜保温，温度高时揭膜通风排湿。阴天也要适当揭膜换气，以免烂根烂秧。一般苗高7～10厘米，气温达15℃以上，可加强通风锻炼，而后将塑料薄膜全部揭除。根据苗的长势，适当追施1～2次稀薄粪水。苗高20厘米左右可开始间苗上市，即秧苗连根拔起，剪去根部后整理成捆，上市出售。每667平方米产量1000～1500千克。

北方地区6～8月份播种的，为减少高温、干旱、暴雨等不利因素对出苗及苗子生长的影响，可采用遮阳网育苗和栽培。

4.育苗移栽 不同地区可根据播种期的早晚，选用不同的育苗场所，如露地、塑料棚、日光温室和温床等。

(1)露地育苗 春季气温稳定回升以后播种时，可选疏松肥沃的田块做露地苗床，每667平方米播种量20～25千克，所育的苗可供移栽1~1.3公顷大田所需的量。一般采用撒播，撒种子后盖过筛细土，厚约1厘米。播种后5~7天出苗，根据幼苗生长情况，追施1~2次氮磷钾复合肥，每667平方米施30千克左右。苗高15厘米左右，有4~5片真叶时便可移栽到大田。

(2)保护地育苗　为提早上市期，在早春育苗时，可选用冷床(阳畦)、改良阳畦、塑料薄膜拱棚或温室等保护设施。北方地区在3月下旬至4月上旬播种，华南和西南地区可提前到1月份，长江流域可提前到3月上、中旬。苗床面积与大田面积比为1:10~15，每平方米苗床面积播种子75克左右。播种前苗床施足基肥，整平床面，先浇水，水渗下后撒播已浸种催芽的种子，覆土厚约2厘米，并盖一层薄膜增温保湿，以利于出苗。齐苗后揭去苗床上的薄膜，苗床温度白天保持在25℃~28℃，夜间15℃~18℃。棚(室)要注意通风换气，以防烂根倒苗。苗高3~5厘米后，叶面喷施0.3%~0.5%的尿素，整个苗期视秧苗状况追施1~2次稀粪尿水，土壤要经常保持湿润。播后40~50天，当苗高10~15厘米，有4~5片叶时定植移栽。如果土壤干燥，在起苗前1天浇水，第二天带土坨挖苗，以利于发根缓苗。

(3)定植及田间管理　大田栽植的方式可采取正方形，即株行距各17~20厘米，每穴栽1~2株；也可以按行距27~30厘米，株距20厘米，每穴栽3~5株。栽苗后及时浇水，促进缓苗。

蕹菜耐肥力强，分支力强，生长迅速，特别是育苗移栽的蕹菜实行多次收割，水分和养分消耗大，其产量和质量与田间管理和采收方法有很大关系。田间管理的重点：一是勤除草，防止杂草滋生；二是经常保持土壤湿润状态；三是勤采收；四是每次收割后经2~3天，伤口愈合后要随水施用速效性氮肥，每次每667平方米施尿素10千克或硫酸铵20千克，促进分枝生长，提高产量和品质。

此外，据韩燕来等(2000年)报道，蕹菜生长期间可喷施浓度为0.05%的硫酸锌溶液1～2次，既提高蕹菜产量，同时增加蕹菜茎叶中的锌含量，使人们通过食用富锌蔬菜来补充锌元素，预防人体缺锌。

(4)采收　育苗移栽的蕹菜一般采取多次收割的方法，当蔓长达30厘米左右时开始采收，采收时基部留2～3个节，将嫩梢摘下，促使叶腋中的腋芽抽生侧蔓。如果第一次采收时主蔓上留芽过多，则长出的侧蔓细而长，发生"跑藤"现象。第二次采收时，在各侧蔓上留1～2个节将嫩梢摘下，如留芽过多，发生侧蔓过多，养分分散，则叶及梢生长缓慢而且细弱，影响产量及品质。以后的采摘方法依此类推。采收初期蕹菜生长较缓慢，大约10～15天采收1次；生长盛期每隔7～10天采摘1次，可陆续采摘到10月份。在采摘过程中如发现藤蔓生长过密或生长趋于衰弱，可疏去部分密枝及弱枝，改善通风透光条件。后期还可疏去一部分老根藤或将老根藤基部留数节割掉，加强水肥管理，实行更新。待萌发出数个侧蔓后，又可进行多次采收。一般每667平方米产量2500千克左右，高产者可达5000千克。

5. 扦插栽培　旱蕹菜栽培除了上述利用种子繁殖外，也可用无性繁殖，即利用种藤的节部生根和侧枝，然后剪取侧枝作种苗扦插定植。在南方，当越冬老株或播种出苗后茎蔓长至33厘米时，选叶大而节短的植株，摘下顶梢15～20厘米、具6～8节的茎蔓为插条，扦插在苗床或大田。北方地区种藤可窖藏越冬，保持窖温10℃～15℃和较高湿度，春季选取插条育苗或扦插。大田扦插的株行距为15厘米×19～22厘米，每穴2～3株。插条斜插入土4～5节，深6～7厘米，压紧表土，留2～3节叶片露出地面，每天浇水1次，3～4天后成活。其他田间管理同种子繁殖栽培。

(二)保护地栽培技术

蕹菜在北方地区的自然条件下，生长适期短，生长缓慢，采收期短,产量低,质量差。近年来,各地区尝试利用不同形式的保护地栽培,进行春提前和秋延后栽培,可基本解决这些问题。下面介绍一些北方不同地区的蕹菜保护地栽培技术,供广大读者参考。

1.早春日光温室栽培

(1)播种育苗　华北地区可于2月上旬在日光温室内整床育苗。播前施入优质圈肥,每667平方米4000~4500千克,磷肥、氮肥适量。耕翻耙细后做成平畦,畦宽1~1.3米。种子浸种催芽后撒播,每667平方米用种10千克。也可点播,每畦3行(1米宽畦)或4行(1.3米宽畦),穴距15~18厘米,每穴点3~5粒,每667平方米用种约2.5~3千克。播种后覆土1厘米,稍加镇压再浇水。

有条件的地区也可采用育苗盘育苗。首先配制培养土,要求土质疏松、肥沃,富含有机质,可用4份腐熟的堆肥或厩肥加6份园田土混合均匀,装入盘内。然后每一小格中播入种子3~4粒,覆土1厘米厚,用喷壶浇水,至育苗盘下部有水分渗出。

(2)苗期管理　播种后要尽量提高畦内温度,白天25℃~30℃,夜间15℃以上。播后5~7天出苗。苗高3厘米左右开始加强肥水管理,可顺水追施少量尿素,同时保持土壤湿润。苗龄40~45天。

(3)定植及田间管理　华北地区在3月中、下旬定植。温室定植前施入底肥,然后整地,做成1.2米宽的平畦。选晴天定植,每畦栽2行,穴距20~30厘米,每穴2~3株。定植后浇水。3~5天缓苗后再浇一水,缓苗水不宜过大,水后及时中耕蹲苗。随外界气温升高,温室要通风降温,白天温度20℃~25℃,夜间15℃~18℃。同时加强水肥管理,追肥以速效性氮肥为主,但用量不宜过大,一般每667平方米一次追施尿素10千克,或硫酸铵10~15千克。另外,为加速茎叶生长,提早上市及提高产量,蕹菜生长期间可进行叶面施肥。一般用50毫克/升赤霉素或喷施宝(每5毫升对水50升)进行叶面喷雾,每10~20天喷1次,共喷2~3次。

(4)采收　定植后30天左右,株高30~33厘米即可采收。初次采收时,要在植株下部留9~12厘米,采收其以上嫩梢。以后自叶腋长出新梢,当新梢长有15厘米时,又开始进行下一轮采收。但头2~3次采收要轻,茎蔓基部应留2~3节(叶),以促进萌发更多的新梢,保证丰产。此后采收要重,基部仅留1~2节(叶),以防发生新梢过多,生长衰弱,影响产量和品质。每次收获后都要加强肥水管理,追肥以氮肥为主。生长后期气温较高,蕹菜生长较快,还要及时从基部疏去过多过密的枝条,以达到更新和保持合理群体的目的。此茬产量一般每667平方米可达3000~5000千克。

2.塑料大棚全程覆盖栽培　据李掌2000年报道,甘肃省平凉地区选用泰国空心菜、柳叶空心菜等品种,采用塑料大棚全程覆盖栽培,于4月上旬在大棚内播种,5月初开始采收,10月下旬采收结束,采收期长达180天,比露地栽培延长100天,增产1倍以上。其栽培技术要点如下:①种子经浸种催芽后,采用落水条播,行距12厘米,覆土厚3厘米左右,然后盖地膜。全棚播完后密闭大棚。棚内气温保持25℃~32℃,地温保持15℃以上。②苗出齐后揭去地膜,白天棚温保持20℃~25℃,防苗徒长;叶片增加到5片时,逐渐将棚温升高至25℃~30℃。③在蕹菜生长中、后期常出现缺铁性黄叶症,可通过叶面喷施浓度1~2克/千克的硫酸亚铁水溶液来增加铁元素供给。④温度调控。伏天高温期可通过改变大棚通风口大小、短期卷起大棚四周棚膜或加盖遮阳网来调控;5月中旬以前和9月中旬以后温度偏低时,可通过大棚周围加盖薄膜、草帘等覆盖物进行调控,使棚内最低温度维持在10℃以上。⑤出苗后30~40天,株高15厘米以上,可结合间苗采收上市。株高达20~25厘米时,留基部2~3节,采收上部嫩梢,待侧枝长到20厘米左右时,再留基部1~2节采收,如此反复进行。每隔10~15天采收1次。采收3次后,摘除基部的1个侧枝,使主茎基部的隐芽萌发。当新枝进入采收期后,摘除基部另一老枝,继续培育低节位新枝,如此不断进行更新,可保持较长的采收期。

3. 高寒地区塑料拱棚栽培 黑龙江省大兴安岭地区农业技术推广站针对高寒地区的气候特点,采用温室育苗,塑料大、中、小棚定植的方式,使蕹菜在6月份开始采收,为夏季增添了一种绿叶蔬菜。其栽培技术要点是:①选用旱蕹菜品种。种子用温水浸泡2~3小时后捞出,在30℃温度中催芽3天,芽基本出齐,即可播种。4月下旬将催芽种子播种在温室中育苗。苗床营养土用田土与有机肥按8:2比例配制,每立方米营养土加0.5千克磷酸二铵。床土厚10~15厘米。浇底水后撒播种子。每平方米播50~60克,采用点播方式,可减少播种量。播后覆土厚1厘米,盖上地膜,白天温度保持30℃~35℃,夜间保持15℃以上。为保温,夜间可在地膜上加扣小棚,经4~6天苗出齐后,撤去地膜。出苗后土壤要经常保持湿润状态,白天温度可降低至25℃~30℃。苗龄达40~50天即可定植到塑料拱棚中。②定植前每667平方米施有机肥2 500千克以上,磷酸二铵30千克做基肥。精细整地后做成高5~7厘米,宽1.5~2米的畦,按株行距15厘米×30厘米定植,每畦栽5~6行,定植密度每667平方米为14 400~14 700株。定植时棚内最低温不能低于15℃,以免影响幼苗成活及生长。为防止早春低温,在塑料大棚内的四周再拉一层1米高的塑料薄膜。③定植后随即浇缓苗水,以后使土壤经常保持湿润。缓苗(活棵)后随水浇施提苗肥,以氮肥为主,以后每10天左右追1次肥,每次每667平方米追施尿素7.5千克。棚内温度保持茎叶生长的适温(25℃~30℃)。中午如棚内气温超过35℃时适当通风降温。④6月中下旬,当植株长到20~25厘米高时,在离植株基部第二至第三节处收割。以后每半月采收1次,在当地可采收6~7次。

4. 日光温室夏秋栽培 据佘长夫(1999年)报道,新疆露地栽培蕹菜,因气候干旱,纤维含量高,品质差,产量低。利用日光温室春茬拉秧后栽培蕹菜,可充分利用夏、秋季的光热资源,满足蕹菜对高温高湿的要求。

6月上旬前茬拉秧后，每667平方米施腐熟有机肥4000千克，磷酸二铵30千克，翻入土中后，整地做1米宽平畦。6月下旬用干籽条播，每畦播4行，每667平方米用种量10千克，覆土厚2.5厘米，镇压后浇水。为防止畦面板结，播后第三天用钉齿耙疏松表土，5~7天出苗。

播后室内白天保持30℃~32℃，夜间18℃~20℃。苗高3厘米左右时，小水勤灌，保持土壤湿润，随水追施尿素，每667平方米施5千克，促苗生长。

播后35天，株高达30厘米左右时开始采收，方法同前。每隔7~10天采收1次，每采收1茬，每667平方米需施尿素10千克。从8月上旬至10月上旬，可采收5~6次，每667平方米产量2000~4000千克。

五、水蕹菜栽培技术

水蕹菜因很少结籽，一般采用藤蔓扦插，进行无性繁殖，也可以用播种培育的实生苗做栽植材料。蕹菜水栽的优点是，生长旺盛，采收期长，产量高，品种脆嫩，北方有水栽条件的地区值得一试。

水蕹菜又有水田栽植和浮水栽植两种方式。

（一）水田栽植

水田栽植又称浅水栽植，即利用浅水田或水塘栽培。选择水源方便、能排能灌、向阳、肥沃、烂泥层浅的田块。栽苗前将水放掉，深犁，细耙，除尽杂草，施足堆肥或青草肥及腐熟厩肥（如优质农家肥3000千克/667平方米），将田整平，然后扦插。下面介绍插条的培育、扦插及田间管理。

(1)培育插条　培育插条的藤蔓称种藤。插条的培育方法因地区而异,如湖南长沙地区菜农采用头年贮藏的种藤于春季剪成插条,直接扦插到本田。冬季不太冷的地区,可以不贮藏种藤。在生产田中选择避风向阳的田块,于霜降前用渣肥及稻草覆盖种藤越冬。翌年由种藤上发生的侧蔓长到30厘米左右时,将侧蔓扦插到本田。四川、江西地区则采用保护地进行种藤育苗,用由种藤上发生的侧蔓做插条。关于种藤的培育及贮藏技术将在水蕹菜留种一节中介绍。这里重点介绍四川和江西的种藤育苗繁殖技术。

①四川多在2月份用温床或温室培育插条　将贮藏在地窖中的种藤取出后,选择粗壮、芽苞完好的种藤,用50%托布津可湿性粉剂1 000倍液消毒。温床中铺入经过充分腐熟、过筛的堆肥,厚约7厘米,将种藤以3~5厘米的距离排在床土上面,再用堆肥覆盖。切忌用未经腐熟的堆肥或其他有机肥做苗床基肥和覆盖种藤,以免在育苗过程中造成种藤腐烂。

温床中的温度最初保持35℃,1周后开始出芽,温度降至25℃~28℃。等芽出齐后停止加温,白天逐步揭开薄膜通风,加强锻炼,使幼苗能适应大田环境,夜间盖薄膜保温。待种藤上发生的侧蔓长到7~10厘米长时,大约在3月下旬,可将整条种藤移栽到秧田中(图6-4)。

秧田选烂泥层较浅的水田,最好是前作为旱作的干田,年前每667平方米施腐熟人、畜粪5 000千克做基肥,开春耕田,耙平整细后做成畦宽1.2米、沟宽30厘米、沟深20~25厘米的高畦,沟中灌满水。在高畦上以15~17厘米的距离,横向栽植种藤1根,栽的深度以种藤刚埋入泥中为度,但种藤的梢顶要露出泥外。最后在畦上插竹条架拱棚,四周用泥压严。小拱棚一般宽1.2~1.3米,长不超过20米,棚高50厘米左右。近年来,采用中棚覆盖的地方逐渐增多。由于中棚的空间大,温度变化较平缓,管理较方便,所以育成的苗较小棚苗健壮,而且可以提早5~7天出售插条。

中棚一般宽 6～7 米,长 10 米左右,中高 1.5 米,边高约 1 米,棚的面积以 60～70 平方米为宜。

封棚后为促使种藤发新根,要保持比较高的温度,棚内气温不超过 30℃时,一般不通风,如超过 30℃,揭开棚两头的薄膜通风,以防止烧苗。7 天左右种藤上长出新根,可以开始通风,晴天上午外界气温上升后,先揭开薄膜的两头,以后随侧蔓的生长及外温的升高,除了从棚的两头通风外,还可以将棚中部的薄膜揭开,加大通风量。晴天外温较高时,还可将薄膜全部揭去(敞棚)2～4 小时。采摘插条以前,尽量敞棚炼苗。

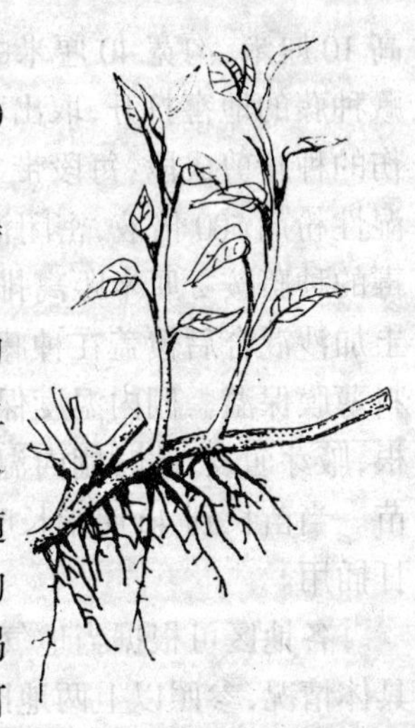

图 6-4 蕹菜的种藤及侧蔓
(刘佩英,1981)

种藤栽到秧田半个月以后,可追施 30%的粪肥催苗;1 个月以后可施少量尿素。施肥后必须敞棚,散发氨气,避免烧苗。秧田的灌水,在初期气温尚低时,可将沟中的水排掉晒田,使土温升高,促使发根。以后沟中一直灌满水,保持畦内土壤湿润而不被水淹没。

当种藤的 1 级侧蔓长到 15～20 厘米时开始压蔓,使 1 级侧蔓上长出须根,抽生 2 级侧蔓,形成更多的插条。1 级侧蔓长到 30～40 厘米时摘顶,促使 2 级侧蔓的生长。2 级侧蔓长到约 30 厘米长时,采摘作为插条。采摘时在蔓的基部留 2～3 个节,使其发生下一级侧蔓。如此整枝,可以分期分批供应插条。插条取够后,所发生的侧蔓可以采摘上市。

②江西与四川的种藤育苗技术的主要不同点是,直接采用塑料拱棚育苗 其技术要点是:选择头年未栽过蕹菜、排灌方便的地块,每 667 平方米施腐熟厩肥 2500 千克,做成宽1.5 米、长度不限、

高10厘米、沟宽40厘米的苗床。3月份气温回升后，选晴天将贮藏种藤的地窖打开，取出种藤。选择质地坚韧、金黄色、无病、无损伤的种藤剪成段，每段带3个完整的节。然后喷洒50%多菌灵可湿性粉剂500倍液，密闭消毒4个小时以后备用。3月中旬将消过毒的种藤按2厘米距离排放在苗床上。排满后用未种过蕹菜的园土加沙混合后覆盖在种藤上，厚约1厘米。浇透水后搭拱架，盖塑料薄膜保温。棚内温度保持20℃～30℃。约7天后茎节上发生新根，腋芽萌发，此时棚内温度过高时要及时揭膜通风降温，避免烧苗。当苗长到40厘米长时，从基部第二节以上将侧蔓剪下供大田扦插用。

各地区可根据当地气候条件、育苗时间及育苗设施等方面的具体情况，参照以上两地区的经验，灵活运用。

(2)扦插及田间管理　插条一般长20～30厘米。按株行距(17～20厘米)×25厘米，将插条斜插入土2～3节。扦插后为提高土温，促使发根，水层不宜过深，一般以3～5厘米为宜。待侧蔓长到30厘米左右时，向两侧摆顺并压蔓，促使侧蔓上发生新根和新的侧蔓。以后要经常摆蔓压蔓，直至摆满全田。嫩梢长到25厘米左右时便可开始采收。一般每隔10～15天可采摘1次，采摘方法同旱蕹菜。

插条定植水田成活后如温度仍低，需要晒田增温。夏季进入高温期，植株生长旺盛，消耗水分多，水深可以增加到7～10厘米，可同时收到降低过高土温的效果。施肥以氮肥为主，施肥量随植株的生长逐渐增多，每次每667平方米可施尿素2～4千克、复合肥5～8千克。每次采收后，在傍晚用尿素10～15千克撒在水田中，然后用水泼洒，以免烧坏茎叶。

(二)浮水栽植

浮水栽植又名深水栽植，即使蕹菜漂浮在深水水面上的栽培。

一般利用泥层厚、肥沃、水深在 30 厘米以上的水塘、水沟或河浜栽植。方法是在 4 ~ 5 月份采摘侧蔓(种秧),将侧蔓按 15 ~ 20 厘米距离编在长 10 ~ 12 米发辫状的稻草绳、棕绳或藤篾上。绳的两端套在塘边的木桩上,使之随水面升降而上下浮动。为使绳两侧的重量相近,在编排种秧时应将头尾相间排列。为便于管理,绳间行距可采用宽、窄行,宽行 1 米,窄行 33 厘米(图 6-5)。这种栽培方法管理简便,如栽于河边的可以不追肥,栽于池塘边的须勤换水,并施入肥料。一般每隔 15 ~ 20 天可采收 1 次,采收方法同子蕹,收获期 5 ~ 9 月份。此法栽培的蕹菜枝梢比较肥嫩,但产量不高。

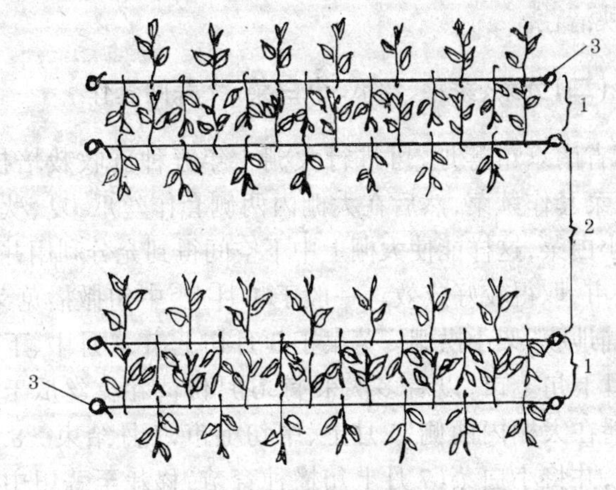

图 6-5 蕹菜浮水栽植示意图

1. 窄行 33 厘米 2. 宽行 1 米 3. 木桩

六、间作套种技术

与茼蒿一样,蕹菜也可与瓜类、茄果类等蔬菜间作套种,以提高土地和空间利用率。各地区可根据当地的气候条件、设施种类、栽培习惯等灵活运用。

(一)大棚丝瓜套种蕹菜

在福建、广东一带,冬春季利用大棚进行丝瓜套种蕹菜,经济效益明显。其突出特点是春节前后以蕹菜为主,4 月以后以丝瓜为主。大棚中间做宽畦,畦连沟宽 1.5 米,大棚两边做窄畦,畦宽 60 厘米。11 月上、中旬蕹菜直播于窄畦内,12 月中、下旬丝瓜营养钵育苗。窄畦上的蕹菜于翌年 2 月上、中旬可整株采收上市,平整后覆地膜,丝瓜定植于窄畦中间。窄畦上的蕹菜也可预留空隙,直接定植丝瓜。4 月上中旬蕹菜清茬,4 月中、下旬丝瓜始收,7 月中、下旬拉秧清茬。

(二)苋菜、蕹菜、丝瓜、小白菜、大蒜间套作

在江苏省南京市等地,可进行大棚 1 年五种五收栽培技术。即春季以苋菜套作蕹菜,然后在大棚内两侧套作丝瓜,夏、秋季排蒜瓣,并栽小白菜,这样能使大棚上中下空间得到充分利用并且周年有蔬菜上市,取得较好成效。一般于 1 月上、中旬撒播苋菜,并点播蕹菜,铺地膜,架小拱棚。苋菜于 3 月初上市,4 月中、下旬结束;蕹菜 3 月下旬上市,以后多次采摘,6 月份清茬。丝瓜于 2 月上、中旬直播在大棚内两侧,5 月上、中旬上市,7 月结束。8 月上旬点播蒜瓣,并将小白菜(7 月上旬播种育苗)移栽至蒜田中。小白菜于 9 月上旬一次性采收结束,大蒜于 10 月上旬至翌年 2 月份供应市场。

(三)大棚早辣椒套种蕹菜

湖南省益阳市等地早春利用塑料大棚种植早辣椒间套蕹菜。这样既能充分提高土地利用率,又能丰富春淡蔬菜市场,经济效益显著。辣椒播期在 10 月 20 日左右,大棚内营养钵育苗。翌年 2 月下旬至 3 月上旬定植辣椒,株行距 30 厘米 × 45 厘米,并搭小拱

棚。3月上、中旬撤去小拱棚播种蕹菜。可先整株拔收辣椒植株周围的蕹菜,其余的分期分批采收。

(四)大棚茄子套种蕹菜

长江流域早春可利用塑料大棚种植茄子间套蕹菜。茄子于头年10月中旬大棚内播种育苗,2月下旬至3月上旬定植大棚,畦上再扣小拱棚。3月中旬播种蕹菜,蕹菜高25厘米左右时,将茄子根际8~10厘米范围的蕹菜连根整株采收,其他蕹菜在采收时根据疏密程度合理割收或拔收,经追肥后可采收多次。茄子应适时采收。

七、留种技术

子蕹和藤蕹的留种方法有很大差异,现分述如下。

(一)子蕹采种法

子蕹采种分为就地采种、移栽采种及扦插采种3种方式。

1. 就地采种 春季露地直播的蕹菜,采收1~2次后,选择生长健壮、符合本品种特征、特性的植株做种株,不再采收嫩茎和嫩叶。

2. 移栽采种 ①选择较为瘠薄的旱地做留种地。因为在肥沃菜地上生长的植株,营养生长(茎叶生长)旺盛,开花结籽期推迟,后期温度降低,种子发育不充实。②一般用采摘过几次嫩梢的植株,移栽到留种地。每畦栽2行,行距66厘米,株距33厘米,1穴栽2株,栽后浇水。③缓苗后搭"人"字架,使藤蔓顺架向上攀缘,以利于通风透光,增加种子产量。南方阴雨天多,必须搭架,否则种子产量很低。④采种田一般不施追肥,防止营养生长过旺,促使植株及早转入生殖生长,争取在低温来临以前种子已充分成熟。

⑤在蕹菜留种生产中应采取措施增加有效侧蔓数,进而增加蒴果数和种粒数,最终提高种子产量(陈巧明,1999年)。可在植株长至30~50厘米高时进行1次摘心(打顶),促进分枝;生长后期再进行1次摘心,以摘去后期分化的花序和部分幼果,集中养分提高籽粒的饱满度。⑥生长期间还可喷施250毫克/升的多效唑2~3次,两次喷施间隔10天以上。⑦植株现蕾开花后每隔10天喷1次0.2%的磷酸二氢钾,连喷3次,以提高种子产量。⑧种子外壳呈黑褐色时便可采收。由于种子成熟期不一致,应分批采收,以提高种子质量。一般每667平方米可收种子100千克左右。

3.扦插采种　6月份在春播的大田中选健壮母株,摘取上面生长健壮、长30厘米左右的侧蔓,扦插到采种圃中。行距66厘米,株距33厘米,每穴插2条。每667平方米可收种子80~85千克。用这种方法采得的种子较肥大充实。

蕹菜种子的种皮颜色对种子活力有显著影响,种子千粒重量、发芽率和田间出苗率都随着种皮颜色的加深而提高。所以种皮颜色的深浅是衡量蕹菜种子质量的重要外部形态标志之一。另据研究(赵胜男,1993年),蕹菜种子的含水量与种子寿命有很大关系。收获后的种子经日晒后在常温下贮藏,种子含水量以12%左右为好,种子寿命可达2~3年;含水量高于13%的,种子寿命只有1年;含水量为11%左右的种子,虽然对延长种子寿命有利,但由于出现较多的硬粒种子,影响出苗整齐度。

又有试验表明(陈巧明等,2002年),在生物型种衣剂ZSB-WC中加入适量的25%甲霜灵可湿性粉剂,对蕹菜种子进行包衣处理,能增加种子活力,提高幼苗素质,促进植株生长,对苗期猝倒病及蕹菜白锈病具有显著防治效果,并且增产效果明显。

(二)藤蕹留种法

藤蕹的繁殖靠种藤越冬后发芽长成的侧蔓扦插,因此,藤蕹的留种技术包括种藤培育及贮藏越冬两个重要环节。近年来,南昌等地也采用塑料大棚进行水蕹菜的越冬留种栽培。

1.种藤培育　种藤质量好坏关系到能否安全越冬及所产生的插条的健壮程度。应重点掌握以下技术要点:一是土壤选择。选择向阳、疏松、保水、保肥的砂壤土培育种藤,不但有利于藤蕹地上部和根系的生长,而且便于通过"吊藤"、"埋藤"措施使种藤坚实,纤维化程度高,水量少,便于贮藏越冬。如果在肥沃的黏土上培育种藤,则质地柔嫩,窖藏期间易引起腐烂;二是合理施肥。控制氮肥,适当施用磷、钾肥做基肥,有利于培育出组织坚实的种藤;三是配合"吊藤"、"埋藤"措施。其目的是使种藤组织老化。

种藤培育的具体方法不同地区间虽然不完全相同,但以上3点是共同的。下面重点介绍四川和江西的种藤培育技术。

(1)四川的种藤培育技术　一般在5月底至6月上旬选择长约20厘米、直径约0.5厘米、不带须根的健壮茎梢做种藤,扦插在土质疏松的旱田里。行距50厘米,株距15厘米,每穴扦插种藤2株。插条成活后控制水肥,使蔓缓慢生长,组织变充实。蔓长达60厘米后,随蔓的伸长分3次将蔓提起,防止节上生根,农民称"吊藤"。形成粗壮的、长80~90厘米的茎蔓后,为了使种藤更加健壮,增进耐贮力,应进行假植,农民称"埋藤"。

埋藤的方法是:于8月上旬选择向阳、瘠薄的山坡地或沙地,做成畦面宽1.5米、沟宽20~30厘米、高20~25厘米的高畦。按25厘米距离与畦的走向垂直开沟,沟长1.2米,沟深7~10厘米,沟宽15厘米。将经过"吊藤"后的种藤连根拔起,将藤蔓的尖梢对齐,每1沟中排放4~5株,然后覆土将沟埋平。藤蔓的梢部露出沟外5~7厘米。埋藤应在雨后或浇透底水后进行。埋藤至成活前,如土壤干燥应浇水1~2次,保证种藤成活。埋藤成活后,不再浇水和施肥。经埋藤后,种藤组织进一步老化,色泽黄亮,组织硬实,不易掐断,须根多,水分含量低,这样的种藤可以安全越冬。相反，未经埋藤的种藤组织柔嫩，在贮藏期间容易腐烂。

(2)江西的种藤培育技术　一般在6月中、下旬选择肥力较差的砂壤土，锄松，整平，做成宽2米的畦。6月下旬至7月初从大田中选择直径为0.5厘米的健壮茎蔓做种藤。将上部50厘米剪下，每2根茎蔓为1对，2对为1组，2对茎蔓的梢尖方向相反。按40厘米间距在畦中横向开沟，沟深3厘米，沟底平。然后将1组种藤(4根)平放在沟的中部，每根种藤间相距约1厘米，覆土将沟埋平，使种藤的顶梢部7～10厘米外露，各节的叶片也露出土面，最后浇水保湿。种藤成活后，继续伸长，当伸长约50厘米时，再顺着藤的走向挖3厘米深的沟，将藤埋在沟内，同样要露出藤尖和绿叶。当藤蔓将要伸长到畦边时，离畦边5厘米将藤梢折回埋植，以后随藤的伸长继续埋植，直到霜降前15天连同藤梢一齐埋入土中。

2. 种藤贮藏　种藤贮藏以地窖贮藏较普遍，也有采用地下室或防空洞贮藏的。以下主要介绍窖藏的技术措施。

(1)窖址的选择及地窖的建造　选避风向阳、地势高、地下水位低、排水好的地方。土质最好是冲积土或砂壤土，湿度大时水分易下渗，冬季气候干燥时易回潮，以保持窖内适宜湿度。

窖的底部可以是圆形，也可以是长方形。圆形窖底的直径一般为1.2～1.5米，窖顶口径0.5米，深1.3米，可以贮藏100～150千克种藤。长方形窖底一般长2米，宽1.5米，高1.5米，窖口0.5米见方，可以贮藏150～200千克种藤。

贮藏窖最好不要连年使用，以免种藤感染病害和虫害。如用旧的地窖，在使用前应铲掉窖壁2～3厘米厚的表土，并用甲醛熏蒸2～3天，敞开窖口通风5～7天后再用。新挖的地窖在使用前最好用50%托布津500倍溶液喷洒窖的四壁及地面。

(2)入窖　霜降前后为入窖适期，选择晴天将种藤挖出，剔除有病、虫及受损伤的种藤，选择粗壮、黄褐色、纤维化程度高(不易掐断)的种藤,剪去藤尖绿色部分及种藤上的嫩藤,喷25%多菌灵500倍液或50%托布津500倍液,晾晒2~3天,待种藤略有萎蔫时捆成小把准备入窖。

冬季窖内湿度大的地区(如重庆)在窖底放木条,木条上铺干稻草,窖的四壁也摆干稻草以吸湿保温,或在窖底铺1层谷壳。摆1层种藤盖1层谷壳或干稻草,每层种藤厚15厘米左右,摆至窖口10厘米处用稻草盖至窖口。种藤量大时需搭架摆放。

有的地区(如江西)是用事先经过日晒2~3天后晾凉的干净细河沙铺在窖底,厚3~4厘米,上面放1层种藤盖1层河沙,河沙厚2~3厘米,直至排满为止。窖口用稻草覆盖种藤。地窖的中央留出直径为30~40厘米的空间,以便操作和通风换气。

(3)入窖后的管理　初入窖时因窖内温度尚高,同时种藤刚入窖时,代谢作用仍旺盛,会释放出大量的热和水分,不宜立即将窖口封严,否则会造成种藤大量腐烂,应在窖内温度降至12℃时封口。封口的方法是:用一块竹篾笆或木板盖在窖口,上面用土或沙堆成高约50厘米的堆,堆的四周挖排水沟,堆上盖塑料薄膜防雨,要经常检查,严防水渗入窖内种藤堆中。封口后一般密闭至开春。

种藤贮藏期间的温度应保持10℃~15℃,利用种藤呼吸作用释放的热,可以维持窖内适宜的温度。温度低于10℃,种藤易受冻。窖内空气相对湿度以70%~75%为宜。过湿(高于80%)种藤易腐烂;过干(低于60%)种藤易枯萎。入窖后如发现窖内湿度过大,可在窖口挂稻草吸湿。

用防空洞或地下室贮藏时,地面铺河沙,摆种藤1层,厚10~15厘米,其上盖1层河沙,厚约3厘米。如此1层种藤1层河沙堆积,堆的中心插温度计,堆外用塑料薄膜盖严。每天观察温度,高于15℃时,揭膜降温;低于12℃时,关闭防空洞或地下室,使温度上升。

3.水蕹菜塑料大棚越冬留种技术　近年来,南昌等地也采用塑料大棚进行水蕹菜的越冬留种栽培。一是可以避免种藤在贮藏窖中越冬因湿度过大而造成腐烂的问题；二是缩短了水蕹菜的萌芽期，一般比常规越冬留种提早出苗20天左右，出苗数量增加20%以上，增产效果在15%以上。既满足了市场需求，又增加了农民收入，值得江南地区推广。其栽培技术要点包括：

（1）精心选地　选择地势较高、排灌良好、土壤肥力中下、耕作层疏松的田块作留种地。移栽前深耕，耙碎整平，做畦，畦宽1.2米（含畦沟宽20厘米），畦高10～15厘米。

（2）选用种藤　不宜选用大田常规种植的水蕹菜作越冬种藤。因大田常规种植肥水条件好，植株茎壁薄而脆，茎粗，茎内空腔大，茎蔓易破裂，不耐低温，易受冻腐烂。应选择山地种植的水蕹菜作越冬种藤。山地种植只施用少量基肥，靠天然雨水浇灌，很难满足其正常生长的需要，因而植株茎壁厚而韧，茎粗，茎内空腔小，茎蔓不易破裂，能耐低温，不易腐烂。

（3）适期移栽　一般于8月下旬至9月上旬将种藤移栽到越冬留种地上。密度与常规种植相同。

（4）搭好棚架　10月下旬在越冬留种地上搭好大棚架，盖上塑料大棚棚膜，11月中旬割掉水蕹菜的嫩茎和叶片，喷洒1遍杀菌剂。2～3天后撒施1遍草木灰。随后培盖干燥细土10厘米厚；11月下旬再培盖1次。12月中下旬如遇寒潮，可在畦面上搭小棚架，盖小棚膜并覆盖1层地膜。

（5）越冬管理　大棚四周要经常清沟排水，保证沟内无积水和棚内无渗水。切忌给留种畦灌水。加强揭膜通风降温，应保持棚内地表温度在5℃以上。

（6）越冬后管理　翌年3月初气温明显回升时，将培盖土分2次挖去，最后仅保留3厘米左右厚，撒施1遍草木灰。晴天揭膜开棚，增加光照，保持棚温在25℃以上。如棚温超过35℃就要揭膜通风降温。晚上盖好棚膜，保持棚温在10℃以上。出苗后要及时追肥。把握苗的长度,勤采摘。

第七章　茼蒿、蕹菜无土栽培技术

无土栽培是指不用天然土壤而用基质或仅育苗时间用基质，在定植以后不用基质而用营养液灌溉的栽培方法。自20世纪50年代以来，随着现代科技的进步，无土栽培技术及配套设施不断改进和完善，现已发展到用电脑控制温、光、水、气条件，按需精确配制营养液，大规模生产蔬菜、花卉、苗木等农产品，能充分展示现代农业科技水平的一种生产方式，显著提高了农业劳动生产率，增加了产量，改进了品质。

蔬菜无土栽培的主要优势表现在：一能克服连作障碍。设施农业中的长期连作，土传病、虫基数不断增加，作物根系分泌的有毒物质和土壤盐类积累更加严重，影响植株的正常生长。采用无土栽培，可以避免土传病虫害，防止根系分泌有毒物质和盐类积聚，避免土壤缺素症，且设备清洗消毒方便，可以克服连作障碍，因而被高度重视；二能生产出无污染的蔬菜。无土栽培一般在温室和塑料大棚等设施内进行，生长环境是在人为控制之下，运用平衡施肥原理，配制营养液，避免因土壤水源和化肥、农药造成的污染；三能节约用水，提高肥料利用率(可以提高肥料利用率50%，节约用水70%)；四能在一些不宜种植蔬菜的地方(如海岛、石山、屋顶)生产蔬菜；五能减轻劳动强度。蔬菜无土栽培技术是现代科学技术在蔬菜生产上的集成，代表先进的生产方式，属高新农业技术，将成为未来优质无公害蔬菜的发展方向。

适于茼蒿、蕹菜的无土栽培形式有多种，目前生产上应用较多的有深液流栽培、浮板毛管水培和有机生态型无土栽培等几种。其中有机生态型无土栽培具有生产成本低，操作管理简便，产品硝酸盐含量低等特点，比较适于进行无公害栽培。下面介绍这几种无土栽培的技术要点，供各地蔬菜种植者应用时参考。

一、深液流栽培技术

深液流法，即深液流循环栽培技术，为水培的一种方式。它由营养液栽培槽、贮液池、水泵、营养液自动循环系统及控制系统、植株固定装置等部分构成。营养液在泵的驱动下从贮液池流出，经过作物根系(5～10厘米厚的营养液薄层)，然后又回到贮液池内，形成循环式供液体系(图7-1)。由于营养液层较深，作物根系的通气靠向营养液中加氧来解决。这种技术的主要优点是营养液温度和养分含量变化比较稳定，不受短时间的停电和夏季高温的影响，管理方便，可用于栽培蕹菜、茼蒿、菜薹、芹菜、番茄、黄瓜、苦瓜等多种作物，在我国华南地区应用较多。

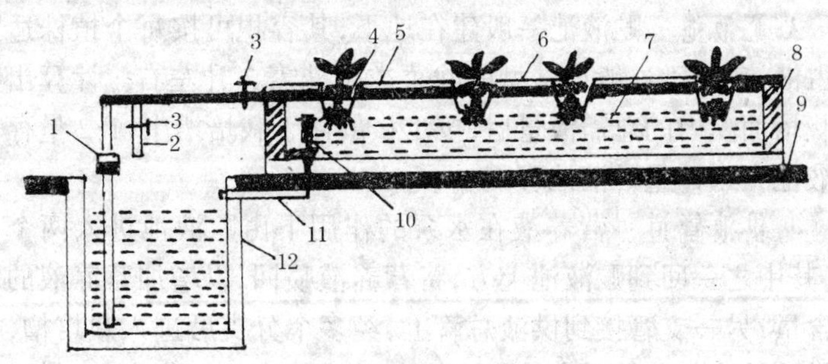

图7-1　深液流栽培槽示意图

1. 水泵　2. 增氧支管　3. 阀门　4. 定植杯　5. 定植板
6. 供液管　7. 营养液　8. 种植槽　9. 地面
10. 水位控制装置　11. 回流管　12. 地下贮液池

(一)深液流栽培的基本装置

1. 定植槽　栽培槽因材料和设计上的差异，有多种类型，可由硬质塑料、聚苯乙烯等材料制成，也可用水泥预制板加塑料薄膜自行建造。

2.定植板与定植钵　定植板又称悬钵定植板，由聚苯乙烯板制成，板厚2～3厘米，板面按栽培株行距打定植孔，直径为3～6厘米。定植板的宽度与栽培槽外沿宽度一致，使定植板的两边能架在栽培槽的槽壁上。定植板的长度一般为150厘米，将定植板一块一块地连接摆放，盖住栽培槽。

定植孔内嵌定植杯（钵），直径与定植孔相同，杯口外沿有一宽约5毫米的唇，使定植杯（钵）卡在定植孔上。定植杯的下半部及底部有孔，孔径约3毫米，根系可从孔中伸出。定植杯（钵）高度应为7～8厘米，嵌入定植孔时，尚有5厘米的杯身伸入定植板下面的空间，其中杯底1～2厘米要浸在营养液中，液面与板底之间保持3～4厘米的空间，保证根系在吸收水分、养分的同时，有一个较好的通气环境。

3.贮液池　贮液池一般建在地下，其容积可按每个植株适宜的占液流推算，一般小株型的叶菜类每株需3升左右。计算出整个栽培面积内的总需液量后，按1/2量存于栽培槽中，1/2量存在贮液池中来计量贮液池容积。

4.供液管道　营养液在水泵的作用下由贮液池进入两个支管，其中之一回到贮液池上方，将营养液喷回，以增加营养液的氧气含量；另一支管接到供液总管上，经多个分支后进入栽培槽，槽内供液管为1条贯通全槽的直径为25毫米的聚乙烯硬塑料管，供液管应在定植板之下，液面之上。供液管上每隔45厘米开1对孔径为2毫米的喷液小孔；使营养液均匀分到全槽，小孔至管的中心线与水平直径的夹角为45°。

在栽培槽的另一端，营养液通过液面调节栓（挡流板）经排液管道通过过滤池后又回到贮液池。通过营养液的流动提高氧气含量，同时使营养液发生暴气而提高氧溶量。

5.水泵　应选择具有抗腐蚀性能的水泵。每1000平方米栽培面积可用1台口径为50毫米,功率为22千瓦的自吸泵,并配以定时器,控制水泵工作时间。

(二)蕹菜深液流栽培

蕹菜对水的流动性要求不严格,且需水量较大,比较适合深液流栽培。

1.品种选择 蕹菜无土栽培可供选择的品种很多,常用的有吉安大叶蕹菜、赣蕹1号、泰国青梗、泰国白梗、南昌空心菜等优良品种。

2.栽培设施与栽培季节 北方地区可在日光温室和塑料大棚内进行栽培。春季日光温室于2月初播种,大棚在3月中、下旬播种。秋季日光温室于9月下旬至10月下旬播种,大棚在7月中、下旬播种。播种后40天左右,株高25厘米,留基部2~3节采摘;侧枝发生后留1~2节采摘,可连续收获4~9个月。蕹菜在南方多利用塑料大棚进行周年无土栽培生产,但以10~12月份播种,冬春供应上市的经济效益最高。

3.营养液管理

(1)营养液配方 可采用广东农业科学院蔬菜研究所徐爱平等(1998年)研究的蕹菜水培专用肥配方,其中大量元素配方可在配方1或配方2中任选其一,微量元素配方按照常规设置(表7-1)。用此配方进行蕹菜水培,能保持蕹菜旺盛生长,产量高,并且产品的硝酸盐(NO_3^-)含量和亚硝酸盐(NO_2^-)含量低于国家规定标准,属于无公害蔬菜。

表 7-1　蕹菜营养液配方

大量元素	用量(毫克/升)		微量元素	用量(微摩/升)
	配方 1	配方 2		
氮	248	224	铁	40.0
磷	42	42	锌	4.0
钾	238	314	硼	30.0
钙	204	162	铜	0.75
硫	102	65	钼	0.5
镁	78	50	锰	5.0

注:EC 值(电导度)在苗期为 1.2~1.5 毫西/厘米,采收期控制在 2 毫西/厘米

(2)营养液酸碱度管理　蕹菜对营养液 pH 值适应范围较广,pH 值在 3~7 都能生长,但以 5.5~6.2 较为适宜。蕹菜对铁元素含量的变化较敏感,当营养液中铁元素含量下降较快时,易产生缺铁症状(植株心叶失绿呈黄色)。因此,在检查过程中应密切注意铁含量变化,及时添加,以保证营养液中铁元素含量变化不致太大,避免出现缺铁症状。

(3)营养液的循环　虽然蕹菜输导氧气的能力很强,对营养液流动要求不严格,但为了使营养液均匀,植株生长一致,宜每天使营养液循环流动 2 次,上、下午各 1 次,每次流动1~2小时。

(4)营养液的补充与更换　蕹菜需肥水量大,而且可以多次采收,采收期较长,需经常检测补充养分,以满足蕹菜生长发育的需求。一般每 7 天左右检测 1 次,根据 EC 值(电导度)下降情况,每次约补充初始配方的 1/8~1/4 的剂量。同时,要每天补充蒸腾损失的水分。营养液如未发生混浊,可以连续使用,不必更换,直至采收结束为止。

4. 栽培管理关键技术

(1)播种育苗　播种前先进行浸种,可用 55℃~60℃温水浸种 2 小时,然后用常温水浸种18~24小时,捞取置于 30℃的恒温箱

内催芽约24小时，待种子露白后，如设施内温度高于20℃，可直接播种在定植杯中。先在定植杯中盛装细碎的砾石垫底，厚度为3～4厘米，大约是定植杯高度的2/3。每杯播种4～5粒，以保证每杯有3株苗，然后覆盖1层细沙，集中放置在育苗槽内，上用黑色遮阳网覆盖，淋足水分，保持湿润。出苗前槽内灌清水至杯的1/3处，出苗后迅即揭开遮阳网，槽内改为装营养液。营养液浓度为完全配方的1/3，EC值控制在1.2～1.5毫西/厘米，每天用水泵将营养液循环2次。在冬春播种时，常遇低温雨雪天气，对种子发芽极为不利，应注意加强苗床的温度管理工作。白天应保证棚室内苗床温度在25℃～28℃，夜间15℃以上，以利促进早出苗、早齐苗。齐苗后，白天温度可降至20℃～25℃。

(2)定植　当幼苗具有4～5片真叶时即可定植到定植板中，定植板规格为1米×1.5米，每块定植板上有60个定植孔，每座336平方米的温室可放160块定植板，定植9 600杯。定植后栽培槽的液面以浸至杯底1～2厘米为宜。

(3)采收与复壮　蕹菜可1次种植多次采收，但采收多次后侧枝会变细，宜在中期更新复壮。即将老株拔去，选粗壮侧枝下部剪取2～3节为1段，重新插入定植杯中，每杯3段，用细碎砾石固定。然后将定植杯插回定植板中，使营养液浸至杯底，促进插条发根，以此实行植株复壮。

二、浮板毛管水培法

浮板毛管水培法是在引进消化吸收世界各地无土栽培设施优点的基础上发展而成的，是由栽培槽、贮液池、循环系统和控制系统4部分组成。栽培槽长15～20米，是用隔热性能良好的聚苯乙烯泡沫压模制成长1米、宽40～50厘米、深10厘米的凹形槽连接而成。槽内铺黑色聚乙烯膜防渗漏，营养液深4～6厘米，液面上漂浮厚1.25厘米的泡沫板，宽12～13厘米，以不超过定植板上2行定植穴的行距为宜，泡沫板上覆盖亲水性的无纺布（规格为50克/平方米），两侧延伸至营养液中，通过毛管作用使无纺布呈湿毡状。作物气生根生长在无纺布上、下面，生长于无纺布上湿气中的根吸收氧气，而生长于无纺布下深水培养液中的根系则吸收水肥。秧苗栽在有孔的定植杯中，然后悬挂在栽培床定植板的孔内，正好把行间的浮板夹在中间，根系从育苗孔中伸出时，一部分根就伸到浮板上，产生气生根毛吸收氧。此外，在栽培床进水口增设空气混合器，以增加丰氧功能。出水口设水位升降调节装置，一般每1～2小时供液1次。这种栽培技术，能够较好地改善水培过程中供液和供氧状况，创造良好的根际丰氧环境，根际温、湿度条件稳定，且不怕停水停电，较好地协调了作物吸收水、肥、气的矛盾，同时一次性设施投资和生产成本较低。适合热带、亚热带水温高、溶氧量少的地区应用，适种作物多。我国南方一些地区多采用此法种植蕹菜。其有关营养液的配制、栽培管理等可参看上述深液流栽培法。

三、有机生态型无土栽培技术

（一）有机生态型无土栽培的特点

我国于20世纪90年代在传统的营养液无土栽培技术基础上，创造了有机生态型无土栽培技术，从而使无土栽培技术进入了一个全新的发展阶段。有机生态型无土栽培技术是指不用天然土壤而使用基质，不用传统的营养液灌溉植物根系，而使用有机固态肥并直接用清水灌溉作物的一种无土栽培技术。有机生态型无土栽培技术仍具有一般无土栽培的特点，例如提高作物的产量与品质，减少农药用量，产品洁净卫生，节水、节肥、省工，可利用非耕地

生产蔬菜等。此外,它还具有如下特点:

1. 用有机固态肥取代传统的营养液　传统无土栽培是以各种无机化肥配制成一定浓度的营养液,以供作物吸收利用。有机生态型无土栽培则是以各种有机肥或无机肥的固体形态直接混施于基质中,作为供应栽培作物所需营养的基础。在作物的整个生长期中,可隔几天分若干次将固态肥直接追施于基质表面上,以保持养分的供应强度。

2. 操作管理简单　传统无土栽培的营养液,它需要维持各种营养元素的一定浓度及各种元素间的平衡,尤其是要注意微量元素的有效性。有机生态型无土栽培因采用基质栽培及施用有机肥,不仅各种营养元素齐全,其中微量元素更是供应有余。因此,在管理上主要着重考虑氮、磷、钾三要素的供应总量及其平衡状况,大大地简化了操作管理过程。

3. 大幅度降低无土栽培设施系统的一次性投资　由于有机生态型无土栽培不使用营养液,从而可全部取消配制营养液所需的设备、测试系统、定时器、循环泵等设施。

4. 节省大量生产费用　有机生态型无土栽培主要施用消毒的有机肥,与使用营养液相比,其肥料成本降低 60%～80%,从而大大节省了无土栽培的生产开支。

5. 产品质优,可达无公害蔬菜标准　有机生态型无土栽培从栽培基质到所施用的肥料,均以有机物质为主。所用有机肥经过一定加工处理(如利用高温和嫌氧发酵等)后,在其分解释放养分过程中,不会出现过多的有害无机盐;使用的少量无机化肥,不包括硝态氮肥,在栽培过程中也没有其他有害化学物质的污染,从而可使产品达到 A 级或 AA 级绿色食品标准。

(二)栽培设施的建造

1. 栽培槽的建造　栽培槽是置放栽培基质,为作物根系生长提供适宜生态环境的设施。在各类温室、塑料大棚中均可建造作物栽培槽，进行茼蒿、蕹菜等蔬菜的有机生态型无土栽培。栽培槽应南北向设置，以利于光照，还要求北高南低，逐渐倾斜。如槽长大于10米，槽的坡度宜在0.5%左右；槽长小于10米，坡度宜在0.9%左右，并在南端下部开1个直径为2厘米左右的小孔，以利于排水。可先将地面按坡度要求修正出倾斜面，再建造栽培槽。栽培槽的尺寸大小由栽培作物的种类和温室、塑料大棚的跨度决定。通常对植株较矮小、生育期较短、适于密植的作物，如茼蒿、蕹菜等，槽净宽(内径)宜为1.2米左右，最宽不超过1.5米，槽边框厚度0.12米左右，槽边框高度为0.15～0.2米，槽距即走道宽为0.4米左右。在一般的日光温室内，因采光面南北宽多为6～8米，在建南北向栽培槽时，需靠北墙留宽约1米的走道，故槽长多为5～7米；在大跨度连栋温室内，南北宽可达50～60米，栽培槽的长度可达50米以上；在南方塑料大棚内，因大棚建造方位多取南北向，栽培槽通常与大棚等长，一般在30米以上。在建造栽培槽时，取材可因地制宜，如选用木板、木条、石块、砖块、泡沫塑料板等廉价材料，且只需将材料码放整齐，稍加固定，保持基质不散落到走道上即可。槽框建好后，在槽的底部铺1层0.1毫米厚的聚乙烯塑料薄膜，以使框内放置的栽培基质与原地面土壤隔离，从而防止土壤病虫传染。

2.供水系统的建造　可以单个温室、大棚为单位建一水位差为2米左右的贮水池，用以贮水作自流灌溉。供水系统由抽水机、进水主管道、贮水池、出水主管道、水表、支管道、截门、分支管道、滴灌带组成，其中支管道、分支管道可采用硬质塑料管，滴灌带如采用北京市双翼环能技术公司生产的“双翼薄壁双上孔微滴灌带”，使用较方便，在净宽为1.2～1.5米的栽培槽内只需铺设该型滴灌带3条。

(三)栽培基质的配制

栽培基质一方面为作物提供营养,另一方面为作物根系生长提供适宜的生态环境。不仅要求达到一定的营养水平,还要求具有一定的吸水、保水能力,以及疏松、通透的物理性质。因此,需采用多种有机、无机物质混合配制,并在基质内加入适量的有机肥,或适量的有机肥加化肥。

1.基质的原料组成 栽培基质的原料组成通常有以下4种方法:

(1)*以作物秸秆为主* 可利用的作物秸秆主要有未霉变的玉米秆、向日葵秆、高粱秆、豆秆、稻草等较高大作物秸秆,最好是数种秸秆混合,风干后经破碎成1~2厘米大小的碎块利用。以立方米为单位,基质组成比例为作物秸秆7份加无机物质3份。无机物质主要有蛭石、珍珠岩、石英砾、河沙等,其中河沙粒径应大于1毫米。还可用锅炉煤渣、煤矸石、风化煤,经清水冲洗后,再粉碎、过筛,留下1厘米左右大小的碎块及少量粉末备用。

(2)*以树皮、锯木屑为主* 可利用除松树外各种树木的未霉变树皮,最好是数种树木的树皮混合,风干后经破碎成1~2厘米大小的碎块利用,或使用未霉变的锯木屑。以立方米为单位,基质组成比例为树皮6份加无机物质4份,或树皮4份加锯木屑2份加无机物质4份。无机物质与(1)中的相同。

(3)*以农产品加工后的有机废弃物为主* 可利用的主要有蔗渣、药渣(中、草药)、菇渣等有机废弃物,经风干后利用。以立方米为单位,基质组成比例为蔗渣(或药渣或菇渣或其混合物)6份加无机物质4份。无机物质与(1)中的相同。

(4)*以草炭为主* 草炭是一种天然的有机物矿产,经开采、选矿后可直接利用。以立方米为单位,基质组成比例为草炭4份加炉渣6份,或草炭7份加珍珠岩3份。

2. 基质的配制方法

(1)调整原料的碳、氮比　原料中有机物质的碳、氮比应调整到30:35,这样有利基质养分的释放。天然草炭中的碳、氮比基本符合这一要求,不需调整。其他有机质材料调整碳、氮比的方法是:一般对各类作物秸秆、农产品加工后的有机废弃物,按每立方米用硫酸铵1.6~2千克,树皮、锯木屑按每立方米用硫酸铵1.8~2.2千克的量调整碳、氮比,即先将硫酸铵用水溶化,然后喷洒到有机质材料上,搅拌均匀后,用塑料布盖严,堆制30天左右,并在其间翻拌2~3次即可。

(2)测定原料的容重　测定各种有机、无机物质原料的容重,以便用称重的方法来配制栽培基质。测定容重的方法是:在一已知体积的容器内,将原料组成中的各种有机物质和无机物质分别放入,到自然放满为止,不要拍紧、压实,然后倒出称重,每种原料重复5次,取平均值为其容重。

(四)栽培管理技术

1. 栽培基质的消毒与维护　首季栽培置放基质的厚度,一般为12~14厘米,经灌水达到饱和含水量后,不应小于10厘米。在种植作物2~3茬后,需对基质进行1次消毒处理。其方法是:在夏季高温时段,于上季作物收获后及时清除残枝落叶,将栽培基质原地翻动后,加水湿润,然后用塑料薄膜将栽培槽上部盖严,并将温室或塑料大棚密闭,任太阳暴晒2个星期左右。在种植作物2~3年后,栽培基质会因自然损耗而变薄,当基质厚度小于7厘米时(以灌水后基质自然沉实为准),应补充适量新配基质,补充量一般为原基质量的1/5左右。种植作物5年左右,栽培基质需整体更新1次,换下的基质可作为肥料,施用于大田作物。

2. 栽培日常管理　有机生态型茼蒿、蕹菜无土栽培可先育苗后定植,也可直播后间苗。每个栽培槽可栽植4~5行蕹菜,株行距25厘米见方,或6~7行茼蒿,株行距10~15厘米。其他温度、湿度、光照、采收等日常管理方法与温室土壤栽培基本相同。工作通道可用沙石或水泥预制板铺砌。

3.施肥技术 向栽培槽内填入基质之前或前茬作物收获后,后茬作物播种(定植)前,应先在基质中混入一定量的固态有机肥和少量复合肥做基肥。如果要生产AA级绿色食品蔬菜,加入的应全部是充分腐烂的有机肥,通常每立方米基质加入消毒鸡粪5千克,豆饼(或花生饼或芝麻饼)3千克左右;或消毒鸡粪5千克,菜籽饼4千克左右。如果是生产A级绿色食品蔬菜或一般的无公害蔬菜,每立方米基质加入的消毒鸡粪和饼肥的量可比上述量减半,再加入0.2千克的硫酸铵,0.2千克的磷酸二铵和0.2千克的硫酸钾;或者每立方米基质中加入10千克消毒鸡粪和1.5千克三元复合肥(15-15-15)。这样,在定植后20天内不必追肥,只需浇清水。定植20~25天后,植株进入茎叶旺盛生长期,追施1次有机肥或有机肥加化肥(硫酸铵或磷酸二铵)。以后每隔10~15天追肥1次,可均匀撒在离根5厘米以外的周围,依靠灌溉水的浸润,使养分溶化、渗透、扩散,供植株根系吸收。与营养液无土栽培技术相比,有机生态型无土栽培技术尚比较粗糙,尤其在施肥管理上存在较大的模糊空间。为了弥补这一不足,还需要加强苗情检查,总结经验,及时根据植株的长势、叶色调整追肥的时间和数量。

4.水分管理 茼蒿、蕹菜播种或定植前,应分次灌水浸润基质,使基质达到饱和含水量,程度以基质充分湿润,但没有多余的水分排出为度。秧苗定植后,要依据苗情灌水,一般在定植后10天左右不需灌水;此后每天灌水1~2次,若遇连续阴雨天气或冬、春季寒流,可隔天灌水1次,灌水量以均匀湿润基质为宜。

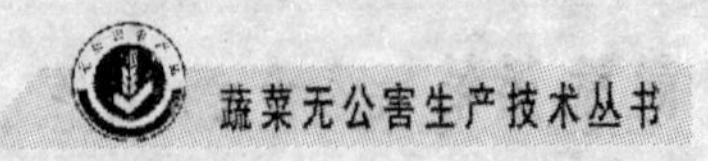

第八章　茼蒿、蕹菜病虫害无公害防治

一、茼蒿、蕹菜病虫害无公害防治原则与技术

组织推广无公害茼蒿、蕹菜生产技术，应按照“预防为主，综合防治”的植保方针，坚持以优选生产基地和农业防治为基础，物理防治、生物防治为主，化学防治为辅的蔬菜病虫无害化治理的原则。

（一）病虫害的农业防治措施

农业防治就是根据预防为主，综合防治的方针，采用优化农作物措施防治病虫害。如选用抗病品种、实行轮作换茬、调整播期、及时除草、改进土壤耕作制度、合理肥水管理，以及建立无病株留种田等来消灭、避免或减轻病虫害。

1.选用抗病品种　蔬菜的种类和品种很多，其抗病能力有较大的差别，在蔬菜生产过程中要针对当地病虫害的发生规律、主要蔬菜病害的类型，选用适合当地栽培的、具有较强抗病性的蔬菜品种，最好选用高抗、多抗的优良品种，这对于防治病虫害、生产无公害蔬菜产品具有明显的效果。目前，就茄果类、瓜类、豆类、白菜类等主要蔬菜，基本都培育出了具有抗一种或几种病害的品种，在生产上已取得了良好的效果。但茼蒿、蕹菜过去一直属于绿叶菜类里栽培面积较小的种类，除一些优良地方品种外，尚缺乏生产上大面积推广的高抗、多抗品种。将来，可望通过基因工程、远缘杂交等先进的育种手段,培育出较多的高抗甚至免疫的专用品种。需要说明的是,蔬菜作物的抗病虫性主要是遗传因素决定的,但栽培技术和环境条件对其抗病性也有较大的影响,生产上要利用这一特点,通过栽培技术来提高蔬菜的抗病虫性。

2.改革耕作制度、合理轮作换茬和间作套种 耕作制度是作物种植制度以及相应的用地和养地制度的综合技术体系,是无公害蔬菜生产必须遵循的基本原则。具体内容包括合理配置作物种类,因地制宜地确定轮作、间作、套种、复种等制度,在有限的土地上既可提高当地资源的利用率,增加作物的多样性,又有利于互补,降低自然灾害对作物生长的影响,控制化学物质的施用量,减少污染,处理好用地和养地的关系,实现蔬菜作物可持续增产。

蔬菜生产上合理轮作换茬,不仅使土壤养分得到均衡利用,而且植物生长健壮,抗病能力增强,并且可以切断专性寄主和单一的病虫食物链与世代交替环节,也能使生态适应性窄的病虫因条件恶化而难以生存、繁衍,从而改善菜田生态系统。例如,不但要避免在同一块地上连年种植茼蒿,而且前作为莴苣、菊花脑等菊科蔬菜的地块也不宜种茼蒿,因为这些蔬菜也是引起茼蒿多种病害的病菌的寄主,病菌可以在土壤中越冬,持续造成危害。

合理提高复种指数和间作套种也是防治病虫害的一项行之有效的技术措施。这不但可以提高土壤利用率,增加单位面积产量,而且合理复种和间套作,由于根系的分泌物不同可起到相生相克的作用,有利于作物群体之间的互补,对于克服因为连作造成的病虫害具有很好的防治效果。茼蒿、蕹菜属于速生绿叶菜,可以和瓜类蔬菜甚至高秆大田作物实行间作套种,但相应对无公害生产的操作规程提出了更高的要求。

合理的进行土壤翻耕也可以减轻病虫害的危害,如前茬作物收获后及时进行翻耕,通过日光照射和冻融交替,达到消灭病原菌和虫卵及改善土壤结构的目的。

3. 培育无病虫的壮苗或种苗

(1)异地或客土育苗　在连续种植多年的田块上进行蔬菜育苗容易发生猝倒病、立枯病等苗期病害。如果进行异地育苗,或在没有种过茼蒿或蕹菜的田块上育苗,或客土育苗,可以有效地减轻猝倒病和立枯病等病害的发生。同时用于育苗的畦面要平整,以减少局部积水,防止沤根。

(2)带药定植　幼苗或种苗定植前,可以喷1次药,并淘汰有病的苗,保证定植到大田的幼苗或种苗都是无病虫害的健壮苗。

4. 合理配置植株　病虫害的发生需要一定的外部环境条件,如温度、光照、湿度、气体等,在田间这些环境因素都会受群体结构的影响,形成独特的小气候。对群体小气候起主导作用的是群体密度,当密度过大时,形成郁闭,农田小气候的光照不足且相对湿度提高,植株徒长,生长不良,给病虫害的生长提供了适宜的条件,利于病菌的侵染和虫害发生。在无公害蔬菜栽培中,产品的质量比产量更为重要。为了获得无污染的放心菜,从生产上必须创造有利于作物个体生长健壮,提高自身抗病虫能力的群体结构。对于茼蒿、蕹菜等绿叶菜应提倡合理密植,即种植密度要合理,株行距配置要合理。在生产上要扭转和克服片面利用增加密度来追求高产的做法,为了获得高效栽培,不是越密产量越高,更不是越密越合理。

5. 适宜的肥水促控

(1)合理施肥　施肥是蔬菜栽培的重要技术环节,在蔬菜的生产过程中,要根据蔬菜的需肥特点进行科学合理的施肥。为了减少污染,应尽量少施化肥,尤其是氮肥,而适当增加有机肥的施用量。因为增施有机肥一方面可以提高肥力,另一方面还可以改善土壤的物理、化学性状。科学合理的平衡施肥对无公害蔬菜生产非常重要(见第三章有关内容)。另外,在无土栽培过程中,有些微量元素需以螯合剂的形式提供,应尽量选用一些天然的螯合剂,合成螯合剂要适当限制使用。

(2)科学浇水　灌溉是蔬菜优质高产栽培的重要技术环节,而且灌溉与病虫害的发生也密切相关。如土壤水分过多,则易造成植株徒长,组织柔嫩,抗病性降低。同时在水分管理上切忌忽旱忽涝。对茼蒿、蕹菜等叶菜类的大面积露地栽培,有条件的可以实行微喷灌。

6.保护地栽培及时放风,控制湿度　由于保护地蔬菜处于密闭状态,棚室内的相对空气湿度明显高于大田,相对湿度大易诱发病害。及时通风可以将棚室内的湿气放出,降低室内空气相对湿度,明显减少病害的发生,这在生产上已得到广泛的证实,是防止病害发生的一项重要的技术措施。另外,经常通风还可以将棚内的有害气体排放出去。在日光温室蔬菜栽培过程中,即使在冬季每天也应短时通风,以达到散湿、换气的目的。

7.有机生态型无土栽培和土壤隔离栽培　在设施栽培条件下,如果土壤污染严重,可采用有机生态型无土栽培技术措施。按要求建造栽培槽,铺好塑料薄膜,将高温消毒的基质(需一定的配方)填入槽内。这样基本可以解决土壤污染严重的问题。(茼蒿、蕹菜无土栽培有关内容参看第六章)

对于土壤污染较严重的大棚或温室,也可以采用土壤隔离栽培法。在设施内按要求的行株距开沟后,铺上塑料薄膜,将消毒好的表土填入沟内,使消毒好的表土与未消毒的深层土隔离,阻断土壤传播病虫害的侵染途径。

8.清洁田园　田埂、沟渠、地边杂草是很多病虫害的转主寄主,也是病虫的滋生场所,应尽量清除,以减少病原菌和虫卵。例如,病毒病多由蚜虫、白粉虱、叶蝉传播,它们多在沟渠、田埂和路边杂草上越冬,早春气温回升后大量繁殖,并向田间蔓延,进一步危害蔬菜作物,并传播病毒等病害。清洁田园,消除杂草就可以去除这些病虫的滋生场所,减少病虫害发生的可能性。

9.建立无病虫留种田 有许多病虫害通过种子传播(如茼蒿炭疽病、蕹菜白锈病等),因此,建立无病虫留种田,切断种子带菌和病毒的途径,对防止病虫害的发生具有重要意义。在留种田栽苗时要严格淘汰病苗,全部栽培壮苗,在收获采种株时选无病虫的植株留种。

(二)病虫害的物理防治措施

物理防治是利用各种物理、机械措施防治病虫害。如人工除草、灯光诱杀害虫、遮阳网抑病、银灰色网和膜驱蚜、高温杀灭土壤中和种子所带的病虫、高温闷棚抑制病情等。

1.设施防护 夏季覆盖塑料薄膜、防虫网和遮阳网,进行避雨、遮阳、防虫栽培,可减轻病虫害的发生。在南方,夏季撤掉大棚两侧的裙膜,保留顶膜,加大通风,防雨、降湿效果非常明显,能有效地控制病害发生。

夏季覆盖遮阳网,具有遮阳、降温、防雨、防虫、增产、提高品质等多种作用,覆盖银灰色遮阳网还有驱避蚜虫的作用。目前,在南方夏季用于多种蔬菜的生产和育苗,在北方多用于秋季蔬菜育苗或蔬菜生产。遮阳网主要有黑色和银灰色两种。遮阳网可以在温室和大、中、小棚上应用,也可搭平棚覆盖。

防虫网除了具有一般遮阳网的作用外,还能很好的阻止害虫迁入棚室,起到防虫、防病的作用。试验示范结果表明,在南方夏季采用防虫网覆盖生产小青菜、茼蒿、蕹菜等绿叶菜,防虫效果显著,可以实现无药或少药生产。

2.人工清除田间中心病株和病叶 当田间出现中心病株、病叶时,应立即拔除和摘除,防止传染其他健康植株,这在设施栽培条件下更为重要。也可用药剂喷施中心病株及其周围的植株,对病害进行封锁控制,避免整个棚室内用药,以免空气湿度过大,又给病虫害的发生创造有利条件。

当有杂草时机械或人工除草,控制草害发生,阻断病虫害的传染途径。

3.诱杀与驱避 昆虫对外界刺激(如光线、颜色、气味、温度、射线、超声波等)会表现出一定的趋性或避性反应,利用这一特点可以进行诱杀,减少虫源或驱避害虫。

(1)诱 杀

①灯光诱杀 灯光诱杀是利用害虫趋光性进行诱杀的一种方法。这一方法在我国20世纪70年代就已成功应用,如利用黑光灯可以诱杀300多种害虫,而且被诱杀的多是害虫的成虫,对降低害虫的密度有很好的效果。在灯光下需放一盛药液的容器,当害虫碰到灯落入容器后而被淹死或毒死。用于光诱杀害虫的灯包括黑光灯、高压汞灯、双波灯等。放置的面积因防治的害虫种类和灯的功率而异。近年来,研制开发的频振式杀虫灯,具有选择杀虫性,既可诱杀害虫,又能保护天敌,应大力推广。

②食饵诱杀 用害虫特别喜欢食用的材料做成诱饵,引其集中取食而消灭之。如利用糖浆、醋引诱蛾类成虫;臭猪肉和臭鱼诱集蝇类;马粪、麦麸诱集蝼蛄等。这些方法在我国农村广泛应用。

③色板诱杀 在棚室内放置一些涂上黏液或蜜液的黄板诱蚜,使蚜虫、粉虱类害虫粘到黄板上,或用蓝板诱杀瓜蓟马等,起到防治的作用。放置的密度因虫害的种类、密度、黄色板的面积而定。一般每30~80平方米面积放置1块较适宜。

(2)驱避 在棚室上覆盖银灰色遮阳网或田间挂一些银灰色的条状农膜,或覆盖银灰色地膜能有效地驱避蚜虫。

4.高温消毒

(1)种子高温消毒 有些病虫害是通过种子传播的。在播种前高温处理种子可有效地杀死种子所带的病原菌和虫卵,切断种子带毒这条传播途径。具体方法是将种子充分干燥后,用温汤浸种。在温汤浸种的过程中要不断搅动,防止局部受热,烫伤种胚,浸种时间一般在10～15分钟就可以有效地杀死种子所带的病菌和病毒。如55℃～60℃10分钟可以杀死真菌,60℃～65℃10分钟可以杀死细菌,而65℃～70℃10分钟可以杀死病毒。

(2)土壤高温消毒　克服日光温室的连作障碍,土壤高温消毒是最行之有效的方法之一,它可以杀死土壤中有害的生物,既可灭菌,解决土壤带菌的问题,也可以消灭虫卵和线虫、蛴螬等地下害虫。大多数土壤病原菌在60℃消毒30分钟即可杀死,多数杂草的种子则需要80℃左右消毒10分钟才能杀死。高温消毒是一项无污染的、有效的物理措施,具有如下优点:一是此法不用药剂,无残留毒害;二是不需要移动土壤或换土,消毒时间短,省工省时;三是促进土壤中有机物的分解,使不溶态的养分变为可溶态的养分;四是无需增加任何加温设备,蒸汽消毒用温室的加温锅炉即可,具有成本低廉的特点。但需注意的是,高温消毒在消灭有害生物的同时,如掌握不当也会影响有益微生物,如铵化细菌、硝化细菌等,这样会造成作物的生育障碍。因此,一定要掌握好消毒的温度和消毒的时间。高温消毒又有蒸汽消毒和高温闷棚消毒两种。

①蒸汽消毒　在土壤消毒之前,需将待消毒的土壤疏松好,用帆布或耐高温的塑料薄膜覆盖在待消毒的土壤上面,四周要封密,并将高温蒸汽输送管放置在覆盖物下,每次消毒的面积与消毒机锅炉的大小或能力有关。要达到较好的消毒效果,每平方米土壤每小时需要50千克的高温蒸汽。具体消毒方法和高温蒸汽的用量要因土壤消毒深度、土壤类型、天气状况、土壤的基础温度等而定。

②夏季高温闷棚消毒　在盛夏,待作物收获后,浇透水,扣严大棚,利用太阳能提高棚室温度,消毒处理1周。

5.高温闷棚防治棚室蔬菜病害　在蔬菜生长期间如发现病害,可利用高温闷棚的办法来防治霜霉病、白粉病、角斑病、黑星病等多种病害。具体方法是,在晴天中午前后,浇透水后将大棚密闭,使温度升高,当温度达到46℃~48℃时维持2小时左右,立即通风,可有效地防治多种病害。但此法一定要掌握高温的度数和高温持续的时间,并注意浇水后闷棚,否则会造成植株高温伤害。一般温度不能超过48℃,时间不能超过2小时。

(三)病虫害的生物防治技术

1. 天敌的保护与利用　天敌即自然界中天然存在的能抑制害虫生存繁衍的生物,广义的天敌概念包括昆虫(寄生性及捕食性昆虫)、螨类(外寄生螨及捕食性螨)、蜘蛛、蛙类、蜥蜴、鸟类及微生物天敌资源(昆虫病原细菌、病毒、真菌、线虫及微孢子虫等),它们各自在不同的生境、不同的季节对害虫不同的虫态发挥着各自独特的抑制作用,成为田间生态系统中不可忽视的一类重要自然因子。在稳定的生态系统(如原始森林)中天敌与害虫形成较稳定的相制约的平衡关系,一般不会出现害虫猖獗成灾的情况;在不稳定的生态系统中,如菜田,茬口多,翻耕、灌水、打药、施肥等人为干扰因素多,生境变化频繁剧烈,天敌不易定居繁衍,而且易遭杀害,天敌不能对害虫形成稳定的抑制态势,即使人工向田里大量释放天敌,亦只能发挥一时的效用,而不能在菜田生态系统中定居,长期起到抑制作用。即使如此,由于天敌物种的多样性、顽强的适生能力和追随害虫(寄主、猎物)的天性,在不同季节、不同生境菜田中,仍有不少天敌种类迁入及存活下来,发挥着一定的作用,如采取保护和利用天敌的措施,则更能使菜田中天敌种群增多,扩大对害虫的自然抑制能力。

(1)天敌昆虫的保护　当前在无公害蔬菜种植中,允许使用一些低毒低残留农药。但为了避免对天敌的副作用,农药施用时应注意以下几点:

①尽量避免使用广谱性、触杀性、熏蒸性杀虫剂　要选用强选择性药剂(如抗蚜威只杀蚜虫,而对其他昆虫无害)、生物制剂(如

昆虫病毒与细菌制剂、真菌制剂)、昆虫生长调节剂(如除虫脲、扑虱灵类)、特异性植物源药剂(如印楝素、川楝素)等,它们对天敌无伤害或伤害甚微。必须选用广谱性杀虫剂的,要避免大面积连片统一用药,应在田中保留若干行(畦)不打药,以使天敌有回避之处。

②改用新剂型　采用胃毒剂、颗粒剂、种衣剂等剂型的药剂,仅杀害虫,而对天敌无直接杀伤。

③改变施药方式　目前普遍使用的工农—16 型喷雾器喷出的药液落到害虫体上的不足 0.1%,大部分药液流失到地面,并大面积、立体式的杀伤天敌;土壤施药往往随灌浇水加药,漫布全田,其实靶标害虫只在作物根际。为此,建议改为局部施药。在害虫初始发生时,仅集中在若干中心株;一些害虫仅喜食芽尖嫩叶,应抓住初发生期和分布部位,以手持小型喷雾器局部用药,既能达到防治目的,又节省药剂、劳力,还可避免杀伤天敌,防止大面积污染。土壤施药应只在根际灌浇。

④避免高浓度大剂量用药　过去往往追求高死亡率而超量用药,不但大量杀害天敌,而且存活下来的害虫,虽已是极少数,它们却是经过药剂筛选出来的具有最强抗药性的个体,由它们繁衍的后代将是抗性种群,使害虫更加难于防治。国外学者主张选用能杀死 80%害虫的剂量(浓度)为宜,剩余的 20%害虫可供天敌寄生或捕食,有助于菜田生态平衡。

⑤错开天敌活动期用药　当菜田中天敌数量较多,又正值寄生或捕食高峰期,应避免施药。当天敌对害虫的抑制率达 40%～50%,即可不必施药。如确需用药的菜田,宜在天敌羽化前或天敌进入隐蔽地、隐蔽状态(如结茧、入土化蛹等)时施用,可减少对天敌的杀伤。

(2)天敌昆虫的利用　近年来,通过天敌昆虫的引进、人工繁殖和利用,在农作物的生物防治上收到了较好的效果。例如利用寄生性昆虫赤眼蜂防治菜粉蝶、小菜蛾、斜纹夜蛾,利用丽亚小蜂防治温室白粉虱和烟粉虱,以及利用捕食性昆虫食蚜瘿蚊捕食蚜虫,利用草蛉和瓢虫捕食蚜虫、粉虱等害虫。天敌一般由天敌公司生产供应,使用前做好虫情的预测预报,及时与天敌公司取得联系,选择最佳释放时期。同时,要保护好释放田,放昆虫天敌期间不允许打药。

(3)微生物天敌的利用　微生物天敌包括昆虫病原细菌、昆虫病原真菌和昆虫病毒3大类。其中利用昆虫病原细菌苏云金杆菌(*Bacillus thuringiensis*,简称Bt)开发出的生防制剂,多年来已普遍应用于蔬菜害虫的防治。国产Bt制剂主要用于防治小菜蛾、菜青虫,32 000国际单位/毫克Bt可湿性粉剂每667平方米使用30～50克;8 000国际单位/毫升Bt悬浮剂每667平方米使用25～37.5毫升。进口的美国雅培公司产品"敌宝"(Dipel) Bt 3.2%可溶性粉剂防治小菜蛾、菜青虫用1 000～2 000倍液;"先力"(Xen Tari) Bt 15 000国际单位/毫克水分散粒剂用1 000～2 000倍液,除防治小菜蛾、菜青虫之外,还可用于防治甜菜夜蛾、斜纹夜蛾、烟青虫、棉铃虫等夜蛾科害虫。

应用Bt制剂防治蔬菜害虫,应掌握以下两点:第一,Bt在20℃以上使用效果好,与温度呈正相关,即气温越高效果越好;但又不宜在强光曝晒下施用,以防紫外线的破坏作用,最好在阴天、雾天或晴天的傍晚施用。第二,Bt感染害虫致死需要一个过程,因此不能把Bt当作急救速效药剂使用,应作为抑制剂在害虫初发生低虫口,特别是在卵孵化盛期及低龄幼虫期使用,效果好也较迅速。如购买来的Bt产品极其速效,应怀疑其混配有化学农药。

2.农用抗生素的应用　农用抗生素是微生物的代谢产物,一般由发酵生产获得,它们可用于防治作物病虫害,效果优异。由于它们是由活体菌代谢而来,可归为"生物源农药",严格地从实质上说,它们是化学物质而不是活体,尽管其制剂一般为低毒,可在无公害蔬菜生产上使用，但有些抗生素（如阿维菌素）原药为高毒。因此，国家是将其列在化学农药范畴严格管理的。抗生素依其防治作用，可分为农用抗菌素和农用杀虫剂抗生素两大类。我国生产的品种和质量已达当代国际水平。目前应用于蔬菜生产的农用抗菌素包括中生菌素、农抗120、多抗霉素、武夷菌素、宁南霉素、井冈霉素、春雷霉素、链霉素等，农用杀虫剂包括多杀菌素、阿维菌素和浏阳霉素。

3.植物源农药的应用 20世纪中叶起，一些国家积极地从植物中寻求对害虫能起到抑制作用而对人类无害、不污染环境的特异性物质，这些"特异性"包括拒食性、阻碍生长发育、抑制蜕皮、抑制蛹发育和羽化、不育作用（包含干扰雌虫性信息素的分泌和干扰交配）以及驱避产卵等。新一轮的植物源农药开发，不同于旧时代在植物中寻找有触杀或胃毒作用的物质，已不再是将有毒杀作用的植物次生物质提取制作杀虫剂的旧概念。全世界为此已对几千种植物进行了大量的提取、测试、分析工作，迄今为止开发最为成功的当属由印楝种核提取的印楝素（Azadirachtin），具有上述多种特异性作用，而对人、畜、鸟等高等动物无害。为此，在农业上进行了深入的研究与应用。世界上已登记的商品印楝素制剂在40种以上，其中美国已能生产16种印楝制剂（Neem formulation），在许多国家已获得注册，并已销售应用。

（1）印楝素　就目前的统计，经室内生测或田间应用，经印楝素处理具有明显生物活性的蔬菜害虫多达50余种，几乎包括了各类蔬菜的主要害虫。对于茼蒿、蕹菜、小青菜等绿叶蔬菜的主要害虫，如菜青虫、小菜蛾、蚜虫、白粉虱、夜蛾科害虫等，均有显著的生物活性与防治效果。应用印楝素防治蔬菜害虫的优越性在于：①印楝素对高等动物无害，对天敌较安全，属于无公害药剂，不污染环境，有利于生态平衡，有助于发展可持续农业、生产绿色食品蔬菜，是纳入蔬菜害虫综合治理体系的较理想的手段。②印楝素防治害虫的机理不同于以往的各类化学杀虫剂，因此可用于已对有机磷类、氨基甲酸酯类、拟除虫菊酯类产生抗药性的重要蔬菜害虫，如对小菜蛾、甜菜夜蛾、烟粉虱等均有控制效果。③印楝素的应用不易产生抗药性。德国用印楝油处理小菜蛾，经35世代仍未产生抗性，有助于克服抗性。④印楝素使蔬菜害虫有较强的拒食作用，特别是对小菜蛾、菜青虫、斜纹夜蛾、甜菜夜蛾等咀嚼口器类的害虫，有利于保叶，可提高茼蒿、蕹菜等绿叶蔬菜的商品价值。⑤印楝素防治害虫范围广。对鳞翅目、半翅目、同翅目、双翅目、鞘翅目、缨翅目、膜翅目、直翅目、蜱螨目等9个目的50余种重要蔬菜害虫均有显著活性。⑥印楝素制剂具有内吸作用，可通过做成种衣剂、药液蘸根或喷洒在叶面被吸收到作物体内。因此，可用于防治蚜、螨等刺吸口器害虫及斑潜蝇等潜叶类蔬菜害虫。⑦印楝素制剂可用于处理土壤，抑制土中隐蔽的蔬菜害虫。⑧印楝素能使成虫寿命缩短，抑制卵巢发育，减少产卵，降低害虫生殖力；并且由于印楝素抑制虫体内蜕皮激素的合成，阻碍发育，影响化蛹和羽化，致畸致残，干扰交配，以及忌避产卵等作用，可减缓种群增殖速度，在菜田中发挥较长的效应。⑨国内已大量种植印楝树，原料已能逐步自给，成本降低，印楝制剂的应用已具有现实意义。⑩印楝素制剂能与Bt、菊酯类药剂等混用，具有增效作用。在高虫口下能及时控制，减少危害。此外，印楝素可防治多种植物病原线虫、真菌、细菌甚至某些植物病毒病害，如美国生产的印楝制剂Trilogy®可用于防治蔬菜的炭疽病、早疫病、晚疫病、叶斑病、霜霉病、白粉病、疮痂病、锈病、穿孔病等病害，并兼治蚜、螨、粉虱、蓟马等害虫，有利于菜田病虫的总体控制。

(2)川楝素　川楝素(toosendarin)系由我国川楝树(*Melia toosendan* Sieb. et Zucc.)林区作业对间伐木剥下的树皮废弃物提取，登记产品为0.5%川楝素乳油，低毒，3.75～7.5克(有效成分)/公顷用于防治十字花科蔬菜上的菜青虫和蚜虫。川楝素对菜青虫有较高的拒食及毒杀作用。菜青虫取食经川楝素处理的叶片后,会麻痹瘫痪,昏迷,且大多数不能复苏。一些中毒后的幼虫后肠突出于腹部末端。死亡幼虫第一天体色与正常幼虫无区别,2天后中肠部位变黑。一部分高龄虫取食川楝素处理的叶片后虽然可以化蛹,但蛹体畸形,幼虫旧表皮不能蜕出,或前、后翅部位发生水泡状突起,不能正常羽化(赵善欢等,1985)。取食川楝素的幼虫即使复苏也不能取食,因此,保叶率很高,十分适合于茼蒿、蕹菜等叶菜类使用。川楝素有一定的内吸作用,喷药后如遇微雨或小雨,防治效果仍较好。

4.昆虫生长调节剂的应用　昆虫生长调节剂是通过抑制昆虫生理发育,如抑制蜕皮、抑制新表皮形成、抑制取食等导致害虫死亡的一类药剂。由于其作用机理不同于以往作用于神经系统的传统的杀虫剂,毒性低,污染少,对天敌和有益生物影响小,有助于可持续农业的发展,有利于无公害绿色食品生产,有益于人类健康,因此,被誉为“第三代农药”、“21 世纪的农药”、“非杀生性杀虫剂”、“生物调节剂”、“特异性昆虫控制剂”。正是因为它们符合人类保护生态环境的总目标,符合各国政府和各阶层人民所关注的农药污染的解决途径这一特点,所以近年成为全球农药研究与开发的一个重点领域。目前已商品化生产实际应用的主要种类有除虫脲、灭幼脲、氟虫脲、双氧威等。

近十年来,昆虫生长调节剂主要品种已能在国内生产,且价格低廉,在蔬菜生产上得到了推广应用,但是在使用中出现的主要问题有:

(1)速效性差　对于农业害虫,特别是蔬菜害虫的防治,要求施用的药剂具备速效性。但昆虫生长调节剂一般要在害虫变态阶段才能使其致死,基本上在施药 3 天后才开始出现死亡,5~7 天才出现死亡高峰。因此,从确保蔬菜(尤其是茼蒿、蕹菜等叶菜类)质量即商品价值来说,菜农往往难于接受,所以需要在害虫低龄期施用,或与速效药复配。国内厂家已开始将昆虫生长调节剂与低毒、低污染但有速效性的杀虫剂做成复合剂,如速杀脲(除虫脲+氰戊菊酯)、蝉虱净(噻嗪酮+异丙威)等。

(2)残留性较强　昆虫生长调节剂虽为低毒,但持效期长,应注意避免在作物近成熟期应用。茼蒿、蕹菜等绿叶菜生长迅速,且采后贮藏期、货架期较短,更要注意用药的安全间隔期问题。

(四)病虫害的化学防治技术及农药使用

化学防治常用的方法有化学药剂(农药)叶面喷洒,灌根,药剂拌种,药剂浸种;烟雾剂熏蒸防治;药剂的土壤处理杀死土壤中的害虫和病原菌等。

1.无公害蔬菜生产对农药使用的要求

(1)化学农药的分类　首先要对化学农药的主要种类有一个概括的了解,目前对农药划分的方法很多。从防治对象上分,可分为杀菌剂、杀虫剂、除草剂和杀鼠剂。杀虫剂,从杀伤动物类别上可细分为杀虫剂、杀螨剂、杀螺剂3大类。其中还有一些既杀虫又杀螨双重作用的药剂。从作用方式上,杀虫剂可分为触杀剂、胃毒剂、熏蒸剂(呼吸毒剂)。杀菌剂可分为:保护剂、内吸治疗剂、粉尘剂和烟剂等类别。但现代合成的杀虫剂往往兼具触杀与胃毒作用,甚至兼有熏、蒸、触杀三重作用。所以严格地区分,主要是从化学成分上加以分类,一般分为12种。

①无机矿物农药　白砒、红砒、硫酸铜、硫黄碱式硫酸铜、氢氧化铜、波尔多液等。

②有机汞类　如赛力散、西力生。这是一类较老的杀菌剂。

③有机砷　如福美砷、田安等杀菌剂。

④有机硫　多是一些杀菌剂,如福美双、代森锌、代森锰锌(大生)等。

⑤有机氯类　如六六六、林丹、DDT、三氯杀螨醇、硫丹等。

⑥有机磷类　如敌百虫、敌敌畏、辛硫磷、喹硫磷等杀虫剂及乙磷铝、稻瘟净、异稻瘟净等杀菌剂。

⑦氨基甲酸酯类　如抗蚜威、西维因、巴沙(仲丁威)、叶蝉散(异丙威)、好年冬(丁硫克百威)、安克力(丙硫克百威)、异丙威烟剂、呋喃丹、灭多威(万灵)(口服剧毒)、铁灭克(涕灭威)等杀虫剂及乙霉威、普力克等杀菌剂,皆属此类。

⑧有机氮类　如杀虫双、巴丹(杀螟丹)、易卫杀等。

⑨拟除虫菊类　这是模拟天然除虫菊中的杀虫有效成分人工合成的除虫菊酯。农药中的主要品种,如敌杀死(溴氰菊酯)、速灭杀丁(氰戊菊酯)、来福灵(顺式氰戊菊酯)、功夫(三氟氯氰菊酯)、灭百可、安绿宝(均为氯氰菊酯)、快杀敌(顺式氯氰菊酯)、灭扫利(甲氰菊酯)、天王星(联苯菊酯)、多来宝(醚菊酯)等,都是菜田常用的品种。

⑩取代苯类　如甲霜灵、五氯硝基苯、甲基硫菌灵、百菌清等杀菌剂。

⑪有机杂环类　如多菌灵、托布津、特克多(噻菌灵)、扑海因、腐霉利(速克灵)、农利灵(乙烯菌核利)、三唑酮(粉锈宁)、萎锈灵、速保利等杀菌剂。

⑫混合型制剂(又称复配剂)　一般是由两种或两种以上的作用机制不同或有负交互抗的药剂复配而成。如杀虫剂中的菊·马乳油、敌·马乳油,杀菌剂中的雷多米尔、克露、杀毒矾、乙磷锰锌等都称为混合型制剂。

(2)化学农药的毒性　目前防治病虫害使用农药的毒性可分为4类,即低毒、中毒、高毒和剧毒。为了便于使用时掌握,现将常用农药的毒性列举如下:

①剧毒农药　铁灭克。

②高毒农药　甲拌磷(3911)、治螟磷(苏化203)、对硫磷(1605)、甲基对硫磷(甲基1605)、内吸磷(1059)、甲胺磷、呋喃丹、

氟乙酰胺、杀虫脒、氧化乐果。

③中毒农药　六六六、高丙体六六六、乐果、杀螟松、亚胺硫磷、滴滴涕、氯丹、西维因、抗蚜威、倍硫磷、敌敌畏、福美砷、退菌特、代森铵、2,4-D、稻瘟净。

④低毒农药　敌百虫、马拉松、乙酰甲磷、辛硫磷、三氯杀螨醇、多菌灵、托布津、代森锌、福美双、乙磷铝、异稻瘟净、百菌清、除草醚、敌稗、阿特拉津等。

可以看出,高毒的品种大都分布在杀虫剂中,而杀菌剂相对比较安全。

我们知道剧毒、高毒农药是不能用于无公害蔬菜生产中的,那么中毒化学农药是不是都可以使用了呢?这要看它是哪一类农药。上面列出的农药中尽管有一些品种是属于中毒的,如有机氯,同样是不可以使用的。为了规范无公害蔬菜的农药使用品种,许多地方都规定了在蔬菜上禁用的农药品种,并从农药的源头做起,在产地不允许农药销售门市部再出售这些药剂。现将1999年12月农业部颁发的生产A级绿色食品禁止使用的农药名单列述如下:有机汞、有机氯(含三氯杀螨醇)、有机砷、有机锡、高毒的有机磷(甲胺磷、氧化乐果等)、杀虫脒、溴甲烷、克螨特、2,4-D类(含生长调节剂)等。但是在各个地方出台的禁用农药名单还有一些不同,主要是根据当地的用药水平,对容易分解或用药浓度很低而无取代的品种,予以保留。根据农业部2002年7月发布的行业标准《无公害食品 蕹菜生产技术规程》(NY/T5094－2002),无公害蕹菜生产不得使用以下农药:甲胺磷、甲基对硫磷、对硫磷、久效磷、磷胺、甲拌磷、甲基异柳磷、特丁硫磷、甲基硫环磷、治螟磷、内吸磷、克百威、涕灭威、灭线磷、硫环磷、蝇灭磷、地虫硫磷、氯唑磷、苯线磷19种农药。

(3)化学农药的使用限次、最高残留量和安全间隔期　为了确保农药的使用安全,除了考虑农药的毒性外,还要对其在蔬菜上允许的使用限次、最高残留量和安全间隔期作规定。所谓最高残留量即指上市时蔬菜上允许的残留农药有效成分的剂量,在上市时,蔬菜上的农药残留必须控制在这个标准以下。所谓安全间隔期是指最后一次用药应与蔬菜上市间隔的时间。也就是说,一种农药在喷洒后,在这段时间内,蔬菜是不允许出售给消费者的。表 8-1 就是几种化学农药的合理使用国家标准。

表 8-1　几种化学农药的合理使用国家标准

农药名称	剂　型	最高限量(667 米^2)	使用限次	安全间隔期(日)	最高残留量(毫克/千克)
溴氰菊酯	2.5%乳油	40 毫升	3	3	0.2
氯氰菊脂	10%乳油	30 毫升	3	2~5	1
氰戊菊酯	20%乳油	40 毫升	3	5	1
来福灵	5%乳油	20 毫升	3	3	2
顺式氯氰菊酯	10%乳油	190 毫升	3	7	1
功　夫	2.5%乳油	10 毫升	3	7	0.2
甲氰菊酯	20%乳油	20 毫升	3	3	0.5
抗蚜威	50%可湿粉	30 毫升	3	6	1
毒死蜱	40.7%可湿粉	75 毫升	3	7	1
百菌清	75%可湿粉	270 毫升	3	7	5
杀毒矾	64%可湿粉	130 毫升	3	3	5
甲霜灵锰锌	58%可湿粉	120 毫升	1	1	0.5
琥胶肥酸铜	30%胶悬剂	300 毫升	4	3	5

2. 怎样购买农药　农药是属于国家严格管理的特殊商品,必须到国家批准的农药经销单位购买,所出售的农药应三证齐全(农业部农药检定所颁发的农药登记证、化工部门颁发的准产证、企业质检部门签发的合格证)。购买农药时要仔细察看农药袋(瓶)标签上注明的农药登记号、准产号以及合格证。此外,还须注意以下几点:

(1)首先要查验农药的出厂日期　农药的有效期一般为 2 年

(在农药袋或瓶的标签上有注明)。如出厂日期已超过2年,则属过期商品,有效成分已部分分解,效力下降,不能购买。凡未签发生产日期的农药绝对不能买。

(2)要检查外包装是否完好无损　尤其注意封装的瓶塞是否被打开或已松动,是否有药液溢出;粉剂的包装袋有无破裂。

(3)要检查农药的外观质量　如乳油制剂,要查明是否混浊,是否有沉淀。如粉剂,要查明是否已受潮结块。

(4)要检查贴在瓶上的标签或外包装袋(纸箱、塑料筒)上印刷的内容是否齐全　至少应包括农药名称、有效成分的分别含量及各种配料含量、有效期限、毒性、农药登记号、准产证号、合格检验章、使用说明、中毒后的解毒方法、贮存注意事项、生产厂家(含邮编、地址)、生产日期、出厂批号、易燃和有毒标志等项,缺一不可。

3.如何正确使用化学农药

(1)要认准病虫害的种类,有针对性地使用农药　认准病虫害种类,有针对性地使用农药,这样可以避免农药的滥用,是实现无公害防治的关键。因为不同的病或虫需要使用不同的药剂进行防治。如果我们不能对症下药,不仅控制不住危害,反而造成浪费,还会污染蔬菜和环境。我们知道,危害蔬菜的因素中有生物因素(如病菌、害虫等)和非生物因素(包括恶劣的气象条件、各种缺素症、药害、肥害等),由生物因素引起的危害是需要用药的,而一些生理病害,一般无需使用化学农药。

有一些地区的农民由于不会识别各种病虫害,将许多药剂混合在一起,每隔一段时间用一次,这样的防治方法是不可取的。这样生产出的蔬菜污染十分严重,恐怕生产者自己都不愿意吃。

(2)要做到及时用药　一种病虫害的发生,由轻到重都有一个过程,受害的程度也有一个由量变到质变的过程,即有一个防治的最佳时期。有一些病虫害当它发展到一定程度,就是用再好的农药也难以控制,特别是一些流行性的病害和暴发性的虫害。为了做到这一点，最好有关部门进行预测预报，指导农民及时进行防治。在一些缺乏预报的地区，可以根据病虫每年发生的时间采用提前用药的方法加以防护。这种防护和上面指出的滥用农药有着本质的区别，它是根据每年病虫害发生的规律有针对性地使用农药。所以我们原则上不反对打“保险药”，但是一定要有针对性。

(3)*按要求严格掌握农药的施用剂量和方法*　任何一种药都有一个最适使用量，用多了不仅造成浪费，而且往往会引起药害，加大对蔬菜和环境的污染。但是用少了不仅防治效果不好，有时还会诱导出病菌、害虫的抗药性。农药的施用剂量是和用药的浓度，以及喷洒的速度(喷雾器的压力及行进的速度)有关系的。比较科学的方法是在喷洒过一段以后，计算一下农药的用量，以此来调整喷药的速度。

农药的施用方法往往与剂型有关系。所谓剂型，是生产厂家在原药中添加了一些化学品后，制成某种农药的剂型，以方便用户的使用。为了用好各种农药，还要对其剂型有个了解。在蔬菜上常用杀虫剂和杀菌剂的剂型主要有以下8类。

①乳油(EC)　原药本身不溶于水，将其溶入有机溶剂中并加入乳化剂加工成的乳油，在使用时加水即可稀释。乳油，英语缩写为EC，是最常见的加工剂型，通常用棕色玻璃瓶或聚酯瓶包装，外观为无色透明油状液体(现有些进口产品特殊加工为绿色，以防伪)。如观察混浊或有沉淀，或加水稀释时不能形成均匀乳白色药液，则该制品质量可疑，应进行质量检测。在田间使用时，如直接在喷雾器内配制(使用机动喷雾器应尽量避免使用这种方法)，则应先加入至少1/3的水量，而后加入称量好的乳油，再加入余下的2/3水，即可将乳油全部均匀稀释，呈均匀的乳白色药液。亦可使用大容器(大缸、大桶、大盆等)统一稀释后再分别盛入喷雾器中。但不论哪种方式，都要现用现配，不可稀释后久置不用。

②悬浮剂(SC)　是固体农药颗粒悬浮在水介质中的悬浮液，

其中含有润湿剂、分散剂、悬浮剂、防冻剂等。使用时加水即可稀释,用喷雾器喷施。此种制剂经长期贮存会有些颗粒沉在底部,所以在配制药液时,先要摇动药瓶,使其混匀,再倒出药瓶,以便达到准确配制的剂量。

③可湿性粉剂(WP) 是原药粉与填料、润湿剂、分散剂、稳定剂等混合制成的剂型,使用时加水稀释成悬浮液,用喷雾器喷施。合格的产品外观为极细的干燥分散的粉状物,加水后1~2分钟应全部润湿形成均匀药液,并在喷施过程中,农药有效成分始终呈悬浮状态(悬浮率应达70%),不沉淀到喷雾器底部。

④可溶性粉剂(SP) 由水溶性原药、水溶性填料及少量吸收剂制成的水溶性粉剂。使用时,加水后即成水溶液,极为方便。

⑤可溶性颗粒剂(SG) 由水溶性原药、水溶性填料等制成颗粒状,使用时,加水即成水溶液。此种剂型除可防伪外,还可避免粉剂在配制时飞扬,对配制药液的人员更为安全。

⑥粉尘(粉剂)(D) 是原药与填料混合后粉碎成的细粉,通常有效成分含量不高,需要使用专门的喷粉器喷施,或用于土壤处理。在棚室内使用粉尘的时候要注意不要直接对着蔬菜喷撒,而是喷在它的上方,使它有一个漂移的过程,这样十分有利其分布均匀。此外,喷撒的时间最好在没有直射光的时候(如阴天或傍晚),这样有利于粉尘在植株上的附着。

⑦颗粒剂(G) 是原药与填料、载体混合形成颗粒状制剂,采用机械或人工撒施到作物或土壤中。

⑧烟剂(FU) 是原药与化学发热剂和稳定剂等物质混合形成的特殊制剂(粉状或一定规格的块状),使用时用火点燃,农药即变成烟弥漫在作物空间。通常用于可封闭的温室、大棚等保护地。好的烟剂应确保有效成分的含量,并且用燃着的烟头轻触后立即可充分发烟至尽。使用烟剂的时候和粉尘一样,也要在无直射光的条件下进行,以保证其附着在植株的表面。

(4)喷洒要做到细致均匀　有一些农民采用高浓度、快速度，或将喷雾器旋水片上的孔扩大的方法施药，用这种方法喷洒，药剂不能很好地覆盖蔬菜的表面，不能起到良好的保护作用，而且使大部分的药剂都落在了地上，也是十分不可取的。相反，喷雾器上使用小孔旋水片来增加雾滴的细度，则是一种可取的方法。

(5)合理复配混用农药，轮换使用　所谓混用农药即在施药时将2种以上的农药按各自的浓度加在一起使用，以期达到事半功倍的效果。科学合理复配农药，可提高防治效果，扩大防治对象，延缓病虫抗性，延长品种使用年限，降低防治成本，充分发挥现有农药制剂的作用。目前农药复配混用有2种方法：一种是农药厂把2种以上的农药原药混配加工，制成不同制剂，实行商品化生产，投入市场。以杀菌剂为例，有多硫悬浮剂、双效灵、炭疽福美、杀毒矾、瑞毒霉锰锌等。像瑞毒霉锰锌是防治霜霉病的良药，此药是内吸性杀菌剂，既有保护作用，又有治疗作用。施药后瑞毒霉立即进入植物体内杀死病菌，锰锌残留表面，病菌不能再侵入。另一种是农民朋友根据当时当地发生病虫的实际需要，把2种以上的农药现场现混现用，有杀虫剂加增效剂，杀菌剂加杀虫剂等等。值得注意的是农药复配虽然可产生很大的经济效益，但切不可任意组合，盲目地搞"二合一"、"三合一"。田间现混现用应坚持先试验后混用的原则，否则不仅起不到增效作用，还可能发生增加毒性、增强病虫的抗药性等不良作用。

多年实践证明，在一个地区长期连续使用单一品种农药，容易使病虫产生抗药性，特别是一些菊酯类杀虫剂和内吸性杀菌剂，连续使用多年，防治效果大幅度下降。轮换使用作用机制不同的农药品种，是延缓病虫产生抗性的有效方法之一。在轮换使用不同的药剂时，要尽量使用不同类别的有效药剂。如多菌灵、苯来特、甲基托布津都属于咪唑类杀菌剂，它们之间一般都存在交互抗性，即病菌对其中一种杀菌剂产生了抗药性，再用其他的也同样有抗药性。因此在这三种药之间轮换就无意义了。研究发现,有一些药剂之间存在负交互抗性,如乙霉威与多菌灵存在负交互抗性,即对多菌灵敏感的病菌对乙霉威不敏感,对多菌灵产生抗药性的病菌,改用乙霉威,防治效果就很好。

二、茼蒿、蕹菜病害防治

茼蒿较少发生病害。但当管理不善,田间或棚(室)内湿度过大,温度过高时,会发生猝倒病、叶枯病、霜霉病、炭疽病及病毒病。蕹菜的病害主要有猝倒病、灰霉病、白锈病和轮斑病等。

(一)茼蒿、蕹菜猝倒病

1.症状识别 幼苗感染发病时,茎基部接近地表处出现水渍状黄褐色病斑,接着病部组织腐烂干枯而凹陷,产生缢缩。水渍症状自下而上继续延展。叶片尚未凋萎,幼苗即倒伏于地,然后萎蔫失水,进而干枯呈线状。随病情逐渐向外蔓延扩展,最后引起成片幼苗猝倒。

2.病原及发病条件 猝倒病属于真菌性病害。病菌以卵孢子和菌丝体在植株病残体及富含有机质的土壤中越冬。第二年春天土壤温度回升、湿度增高后开始进行侵染。病菌借助土壤、雨水、灌溉水、农具传播,也可通过种子传播。土壤含水量大,空气潮湿时利于病菌的生长与侵染。

3.防治方法

第一,选择地势高燥、避风向阳、排水良好的地块作为种植地。使用充分腐熟的农家肥料,播种前田地要耙细整平。适期播种,撒种均匀。

第二,温室和大棚要保持适宜生长温度,注意通风排湿。

第三,苗期控制水分,发现病苗及时剔出。

第四，棚室栽培播种前要土壤消毒。具体方法是在播种前2～3周，均匀浇洒40%福尔马林100倍液，每平方米药液3升左右，然后用塑料膜覆盖4～5天，揭除塑膜后翻松土壤，过2周后播种。

第五，利用苗床育苗时，上下铺盖药土。用50%多菌灵可湿性粉剂10克与13千克细土混合，播种时用2/3药土撒在床土上，播种后用余下的1/3药土覆盖种子。

第六，药剂防治。发现中心病株，可喷75%百菌清500～600倍液，或70%代森锰锌500倍液，或25%瑞毒霉800～1000倍液等，这些药剂交替使用，每隔5～7天喷1次，连喷3～4次。

(二)茼蒿叶枯病

1.症状识别 茼蒿叶枯病只侵染叶片，叶片上最初产生淡褐色油渍状圆形病斑，扩大后成为不规则形白色病斑，边缘明显，褐色或浅褐色。湿度大时叶片背面和正面具有黑色霉状物，即病原菌的分生孢子小梗和分生孢子。后期病斑相互连合成大块病斑，导致叶片枯死。

2.病原及发病条件 茼蒿叶枯病属于真菌性病害。病菌主要以菌丝体潜伏在病株残体上越冬，第二年遇到适宜的温、湿度环境，产生分生孢子器和分生孢子，通过风、雨、农具、田间作业传播到植株表面。露地栽培在连阴雨天气和雨后骤晴、夜间露水重时，发病重；棚室栽培通风不畅，温、湿度过大时易发病。

3.防治方法

第一，及时清除病叶、病株，集中烧毁或深埋。冬、夏季深翻土地，进行“冻垡”、“晒垡”，减少侵染源。实行2年以上轮作，减少菌原量。避免在高温时间浇水，防止形成有利于发病的高温高湿环境。保护地扣膜后要加强通风，排出湿气。

第二，药剂防治。发病初期喷用70%甲基硫菌灵可湿性粉剂500倍液，或50%扑海因可湿性粉剂1 500倍液，或50%硫悬乳剂

200～300 倍液，或 25%瑞毒霉可湿性粉剂800～1 000 倍液。交替使用，每 5～7 天喷 1 次，连续喷 2～3 次。为避免保护地中喷施水溶液使空气湿度增高，可用 45%百菌清烟熏剂熏蒸 6 小时左右，每 667 平方米每次用量 200～250 克。

(三)茼蒿霜霉病

1.症状识别 茼蒿霜霉病主要危害叶片。发病初期，叶片表面产生淡黄色、边缘不明显的近圆形小斑点，以后逐渐扩大成圆形或多角形的褐色褪绿斑。后期叶片逐渐干枯，叶片背面生出灰白色霉层。病害多从植株的外部叶片或下部叶片开始发生，逐渐向上蔓延。

2.病原及发病条件 茼蒿霜霉病属于真菌性病害。病菌以卵孢子在病株残叶上以菌丝在被害寄主和种子上越冬。翌春产生孢子囊，借气流、雨水或田间操作传播。多雨多雾，空气潮湿时易发病。

3.防治方法

第一，与其他蔬菜实行 2～3 年的轮作。

第二，播种量要适当，最好采取条播并适当间苗，以加强株行间的通风透光。科学灌水，降低田间湿度。

第三，早春在茼蒿田间如发现被霜霉病菌侵染的病株，要及时拔除，带出田外烧毁或深埋。

第四，药剂防治。发病初期立即用药，可喷 72%克露(克霜氰、霜脲锰锌)可湿性粉剂 600～700 倍液，或 72%普力克水剂 600 倍液，或 64%安克锰锌可湿性粉剂 1 000 倍液，或 64%杀毒矾可湿性粉剂 500 倍液，隔 5～7 天喷 1 次，连续喷2～3 次。保护地栽培发病时，还可以使用 5%百菌清粉尘剂(每 667 平方米用量 1 千克)和 45%百菌清烟剂(每 667 平方米用量 250 克)进行防治。使用粉尘剂喷施时要尽可能地不对着蔬菜喷施，而喷在它的上方，使它有一个飘移的空间，以扩大其附着面。在使用烟剂及粉尘时，不要在有阳光直射的时候进行，最好在傍晚进行，以增加在植株上的附着量。

（四）茼蒿炭疽病

1.症状识别 主要危害叶片和茎。叶片被害，开始产生黄白色的小斑点，后来病斑扩展成圆形或近圆形，呈褐色。茎被害，出现纵裂、凹陷、呈椭圆形或长条形的病斑，在湿度大的条件下，病部表面上常常分泌出粉红色黏质物。

2.病原及发病条件 茼蒿炭疽病属于真菌性病害。病菌以菌丝或拟菌核随病残体在土壤中越冬，第二年产生分生孢子进行侵染。分生孢子通过雨水或灌溉水或棚、室内的滴水传播到菜株上，一般下部的叶片先发病。此外，菌丝或分生孢子也可附在种子上越冬，种子萌发后病菌可直接侵染子叶，引起幼苗发病。温度在20℃左右、相对湿度93%以上时，发病重。低洼地、排水不良，或种植过密、通风不良，或浇水过多，或肥料不足、缺磷钾肥，一般发病重。

3.防治方法

第一，病地实行与非菊科蔬菜轮作2~3年。

第二，在无病地上留种或从无病株上采种。

第三，施用充分腐熟的粪肥，并增施磷、钾肥，提高植株抗病力；可采取高畦或半高畦栽培，密度适宜；科学浇水，防止大水漫灌；保护地加强放风，降低湿度。

第四，药剂防治。发病初期，可喷80%炭疽福美可湿性粉剂600~800倍液，或50%灭霉灵可湿性粉剂600~800倍液，或40%多丰农可湿性粉剂400~500倍液，或50%硫菌灵（托布津）可湿性粉剂500倍液，每隔7天喷1次，连喷3~4次。保护地栽培可在早、晚喷施5%百菌清粉尘或6.5%甲霜灵粉尘，每667平方米每次喷1千克，隔7天喷1次，连喷3～4次。

（五）茼蒿病毒病

1. 症状识别 全株均可受害，叶片呈花叶、褪绿或叶色浓淡不均，心叶皱缩，植株矮化。

2. 病原及发病条件 由病毒引起发病。病毒多在宿根性杂草或越冬植物上越冬，通过蚜虫或汁液传染。高温干旱天气、土壤缺水缺肥或氮肥施用过多、植株组织生长柔嫩时，病毒病发生较重。

3. 防治方法

第一，病毒病应以农药综合防治为主，采取措施减少毒源和传播媒介，控制和减轻病害发生，如栽培田实行2年以上轮作；及时清洁田园，清除病株残体；施足基肥，增施磷、钾肥；加强肥水管理，提高植株抗性。

第二，蚜虫是主要传毒媒介，应及时防治。特别是高温干旱年份要及时喷药治蚜，预防病毒传染。

第三，药剂防治。发病初期，喷洒毒克星（又名病毒A，或20%盐酸吗啉胍铜可湿性粉剂）500倍液或1.5%植病灵乳剂每667平方米用60～120毫升，对适量的水1000倍液喷雾，或83增抗剂（又叫10%混合脂肪酸水剂，或水乳剂）每667平方米用600～1000毫升，对适量的水喷雾。每7天1次，共喷2～3次。

（六）蕹菜灰霉病

1. 症状识别 染病植株茎叶软化变褐腐烂，患部表面长出灰霉层（即病菌的分生孢子梗和分生孢子），最终植株枯死。

2. 病原及发病条件 蕹菜灰霉病为真菌性病害。病菌以菌丝体和分生孢子随病残体在土壤中存活越冬，翌年以分生孢子作为初次侵染源和再次侵染源，借助风雨、灌溉水等传播，从植株伤口侵入致病。冷凉多雨的天气易发病。

3.防治方法

第一,发现病株,应趁病部尚未大量长灰霉时及早拔除烧毁。

第二,药剂防治。发病初期露地栽培可用50%速克灵1500~2000倍液,或扑海因可湿性粉剂1000~1500倍液,或50%农利灵1000倍液,每隔7天喷1次,连喷2~3次。保护地栽培可用5%百菌清粉尘剂或扑海因粉尘剂喷施2~3次,每隔7~10天喷1次,每次每667平方米用量1千克。

(七)蕹菜白锈病

蕹菜白锈病发生比较普遍,一般在多雨、湿度大的年份危害比较严重,轻者发病率10%~20%,重者达30%~40%。

1.症状识别　发病时在叶片和茎上产生白泡状病斑。叶上的病斑多在叶背发生,白色或酪黄色,表面光滑,大小为1~2毫米,稍隆起,成熟后表皮破裂,散发出粉状物(孢子囊)。病斑发生很多时,病叶皱缩,颜色变枯黄,以后脱落。茎上的病斑和叶上的相同,基部肿胀、畸形,内含大量卵孢子。

2.病原及发病条件　蕹菜白锈病属于真菌性病害。病株残体上病菌的卵孢子每年散落到土壤中越冬,翌年在适宜环境条件下萌发,产生孢子囊,借气流飘移到蕹菜叶片上,从气孔侵入使植株发病。

诱发白锈病的主要因素为温度和湿度。在25℃以上的高温和空气干燥的条件下,孢子囊不能萌发;在20℃以下,特别是在10℃温度及空气湿度大、植株表面湿润时,孢子囊由风雨传播到茎叶上,在2~6小时内就可以萌发产生游动孢子,侵染茎、叶。所以白锈病发病最严重的季节是冬、春温度低、湿度大的季节。

3.防治方法

第一,实行与非旋花科蔬菜轮作2年以上。

第二,消灭污染源。发病地块中的残株、病叶应及时收集烧掉,消灭潜伏的病菌。

第三,在无病田块中留种。播种前用相当于种子重量0.3%的72%克露(脲霜锰锌)可湿性粉剂或70%乙磷铝锰锌可湿性粉剂拌种。

第四,药剂防治。初发病时,摘除病部,喷50%安克可湿性粉剂2000倍液;或72%克露可湿性粉剂800倍液,或72.2%普力克水剂800倍液,或80%疫霜灵可湿性粉剂500倍液,或70%乙磷铝锰锌可湿性粉剂400倍液,每隔7天喷1次,连喷3~4次。

(八)蕹菜轮斑病

蕹菜轮斑病是常见的病害,露地发病比较轻,一般病株率10%左右,而保护地种植的发病比较多,严重的病株率可达50%左右。

1.症状识别 主要危害叶片。发病时,开始在叶片上产生褐色的小斑点,以后扩展成圆形、椭圆形或不规则形的病斑。严重时,一些小病斑连成大病斑,最后叶片枯死。病斑一般具有比较明显的同心轮纹,而且长有黑色的小点。

2.病原及发病条件 蕹菜轮斑病属于真菌性病害。病菌以菌丝体或分生孢子在病残体内越冬。第二年条件适宜时,随气流或雨水、灌溉水传播。靠近地面的叶子先发病,在发病部位又产生分生孢子,靠气流、雨水或农事操作传播,进行再侵染。雨多、湿度大,发病重。病地连作发病重。种植密度过大,浇水过多,雨后不及时排水,保护地通风差、湿度大,发病也重。

3.防治方法

第一,从无病植株上采收种子。播种前用50℃温水浸种30分钟。

第二,实行2年以上轮作。

第三,发病初期喷70%甲基托布津可湿性粉剂500~600倍液,或 65%甲霜灵可湿性粉剂 800 倍液,或 40%多硫胶悬剂 500 倍液,或 50%灭霉灵可湿性粉剂 800 倍液。每 5~7 天喷 1 次,共喷 2~3 次。

第四,保护地栽培可施用 45%百菌清烟剂,每 667 平方米每次用量 200 克,傍晚进行,分放 4~5 个点,密闭烟熏,隔 7 天 1 次,连熏 3~4 次。或用 5%百菌清粉尘,或 7%防霉灵粉尘,或 6.5%甲霜灵粉尘,每 667 平方米每次喷 1 千克,隔 7 天喷 1 次,连喷 3~4 次。

三、茼蒿、蕹菜虫害防治

茼蒿的虫害主要有:蚜虫和白粉虱,蕹菜的虫害主要有:菜青虫、小菜蛾、夜蛾科害虫、蚜虫、红蜘蛛(叶螨)等。

(一)蚜 虫

1.为害特征及生活习性 为害茼蒿和蕹菜的蚜虫为菜蚜,以成虫或若虫群集在幼苗、嫩叶的叶背面及嫩茎上,用刺吸式口器吸食汁液,形成褪色斑点,叶色变黄,叶面皱缩卷曲,植株矮小。采种植株不能正常抽薹开花和结实。菜蚜还可以传播多种病毒病。

菜蚜以卵在蔬菜上或桃树枝条上过冬,也可以成蚜(虫)或若蚜(虫)在温室、菜窖等比较温暖的场所过冬,并不断为害。菜蚜的发生受环境条件的影响很大,温暖、干旱的气候条件有利于蚜虫的发生。5~6 月和 9~10 月天气闷热时,蚜虫为害严重。蚜虫对黄色和橙色有强烈趋性,对银灰色有负趋性。

2.防治方法

第一,清除田间地头的杂草、残株、落叶,以减少蚜源。

第二,育苗的苗床可采用 22 目或 25 目银灰色防虫网覆盖;或将银灰色塑料薄膜剪成宽 20 厘米左右的条带,横竖相交悬挂在苗床上方，适当高出菜苗，条带之间的距离为20～30厘米，可以起到很好的避蚜作用。田间大面积栽培的茼蒿和蕹菜可采用黄板诱蚜。具体做法是：用木板、玻璃或白色塑料薄膜制成长1米宽0.2米的长方形牌子，正、反两面均涂上橙黄色涂料，再刷上10号机油。把黄板悬挂在田间，引诱有翅蚜飞到黄板上被粘住。每667平方米需设黄板30～40块。

第三，药剂防治。由于蚜虫繁殖速度很快，发现蚜虫后必须及时喷药防治。最好选择同时具有触杀、内吸、熏蒸三种作用的新农药，如抗蚜威。这种杀虫剂对蚜虫不仅特效而且具速效性，致死的蚜虫均脱落至地面。而且此药对蚜虫有高度选择性，对菜田中其他昆虫乃至高等动物无毒害，属于无污染类农药，有助于无公害食品蔬菜的生产。抗蚜威国产剂型为50%可湿性粉剂，使用剂量每667平方米10～20克(4 000～8 000倍液)。进口的这种杀虫剂叫辟蚜雾25%水分散粒剂，使用剂量每667平方米20～36克(2 000～4 000倍液)；其50%可湿性粉剂使用剂量每667平方米10～20克(4 000～8 000倍液)，其安全间隔期均为7天，但每季菜最多只宜施用2次。此外，吡虫啉杀虫剂(又名咪蚜胺、康福多)也是防治菜蚜的低毒高效药剂，国产10%吡虫啉可湿性粉剂的使用剂量为每667平方米40～70克(1 000～2 000倍液)，康福多20%浓可溶剂使用剂量每667平方米10毫升(6 000倍液)，安全间隔期均为10天，但每季菜只宜施用1次。

(二)白粉虱

1. **为害特征及生活习性** 白粉虱的成虫和若虫群集在叶片背面，刺吸汁液，使叶片褪绿、变黄、萎蔫甚至全株死亡。白粉虱还能分泌大量蜜露，污染叶片，引起煤污病，降低产量和品质。此外，白粉虱也可传播病毒。

白粉虱成虫体长1～1.5毫米，淡黄色。翅面覆盖白色蜡粉，沿着翅的外缘有一排小颗粒。成虫不善飞翔,对黄色有强烈趋性,喜聚集在嫩叶背面并在上面产卵。活动最适温为25℃~30℃,40℃以上活动能力显著下降。卵为长椭圆形,长约0.2毫米,产于嫩叶背面,从叶背面的气孔插入植物组织中。初产的卵为淡绿色,覆有蜡粉,以后逐渐变为褐色,孵化前变为黑色。若虫为扁椭圆形,淡黄色或淡绿色,体背有长短不一的蜡质丝状突起。若虫抗寒力较弱。

2.防治方法

第一,利用黄板诱杀成虫,参看蚜虫防治部分。

第二,在温室、大棚等保护地设施中育苗或栽培前后,用药剂熏蒸法消灭白粉虱。可采用22%敌敌畏烟剂,每667平方米用量500克,或30%白粉虱烟剂,每667平方米用量320克,于傍晚密闭棚室进行熏杀。

第三,在有条件的地方,可人工繁殖释放丽亚小蜂或草蛉进行生物防治。丽亚小蜂主要产卵于白粉虱的蛹和幼虫体内,被寄生的白粉虱9~10天后变黑死亡。

第三,药剂防治。对于白粉虱用药防治,必须抓住种群发生初期,在虫口密度尚低的时候即开始打药,加以控制。若能协调运用昆虫生长调节剂与拟除虫菊酯类杀虫剂,可收到快速、长期控制种群的效果。如在白粉虱发生初期用昆虫生长调节剂25%扑虱灵可湿性粉剂1000~1500倍液喷雾,安全间隔期为11天,对杀灭若虫有效,并对成虫产卵和卵粒孵化有一定抑制作用;在白粉虱盛发期用拟除虫菊酯类杀虫剂20%灭扫利乳油(甲氰菊酯)2000倍液,或2.5%天王星乳油2000倍液喷雾,安全间隔期为3~4天,对杀灭若虫及成虫均有效。

(三)菜青虫

1.为害特征及生活习性　菜青虫是菜粉蝶的幼虫。幼虫咬食叶肉,严重时仅留下叶脉。成虫是白色粉蝶,前翅基部灰黑色,翅尖有三角形黑斑,下方有2个黑色圆斑。卵为长瓶状,长约1毫米,初产时淡黄色,后变为橙黄色,表面有横竖凸纹,形成许多长方形小格。幼虫青绿色,背面密生细毛和小黑点。蛹为纺锤形,体色随环境而变化,有灰黄色、灰绿色、青绿色等。头端有一突起,背部有3条纵脊,尾部和腰间用吐丝粘连在寄主上(图8-1)。

菜青虫是以蛹在菜田附近的墙壁、树干、篱笆、风障、土缝及杂草等处过冬。成虫(菜粉蝶)白天活动,在菜田和花丛中飞翔,吸食花蜜,交尾产卵。卵多产在菜叶背面。初孵幼虫在叶背面啃食叶肉,残留表皮。3龄(刚由卵孵化出的幼虫为1龄幼虫,以后幼虫每蜕1次皮就增加1龄,2次蜕皮的间隔期称为龄期)以后食量剧增,将叶片吃成缺刻或网状,严重时仅剩下叶脉。

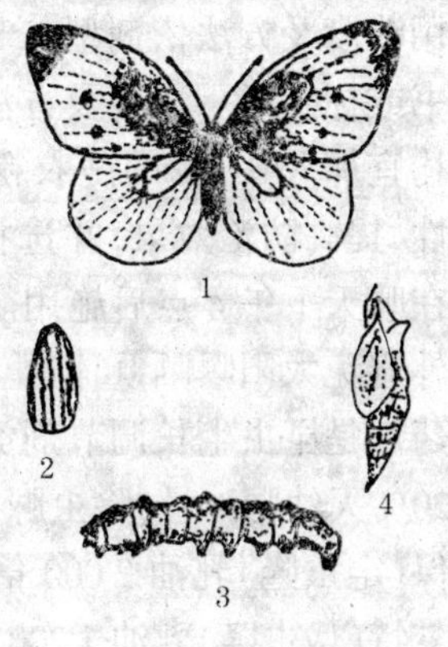

图8-1 菜粉蝶

1. 成虫 2. 卵
3. 幼虫(菜青虫) 4. 蛹

2. 防治方法

第一,采用防虫网全程覆盖栽培,可不施药防治。方法是在塑料大棚、中棚或小棚骨架上覆盖25目左右规格的防虫网,整地时1次性施足底肥,然后播种或移栽,再将网底四周用土压实,浇水时中、小棚可直接从网上浇入,大棚可由门进入操作,注意进、出后随手关门。无论大、中、小棚,栽培空间均以所栽植株长成后不与防虫网接触为宜,以阻止菜粉蝶在蔬菜叶片上产卵。防虫网用后洗净晾干,可多年使用。此法成本较高,较适宜栽培蕹菜、茼蒿等速生叶类蔬菜,或作育苗之用。

第二,药剂防治。在常规栽培条件下,应每隔3~5天检查1次虫情。菜青虫共有5龄,3龄以后抗药性增强,应抓住1~3龄时期打药。此外，菜青虫每日有2次取食高峰，上午约在9时前后，下午约在4时前后，此时幼虫活跃在叶表，喷洒药剂极易触杀。首选药剂为植物源农药，即印楝素和川楝素，是近几年开始推广使用的无公害药剂，但价格稍贵，使用时参照产品说明进行。第二类药剂是苏云金杆菌(Bt)，这是一种细菌制剂，对人、畜无害，不污染环境，但在作物收获前2天内不得施用，即安全间隔期为2天。其使用浓度及方法依剂型、产地而有所不同，应严格按照产品使用说明书或标签所示浓度及方法施用。但不管何地产品，在配制药液时均宜加入0.1%的洗衣粉，以增加药剂喷洒后在作物表面的展着性，提高防治效果，并选择气温高于15℃的阴天、多云天施用，或在晴天下午4点后施用。这是因为气温较高时害虫致死较快；另外避免太阳曝晒，可防止紫外线降低Bt制剂的防治效果。第三类药剂是昆虫生长调节剂类制剂，也不污染环境，对天敌安全，如用20%灭幼脲1号(除虫脲)悬浮剂500～1000倍液喷雾，或5%抑太保(定虫隆)乳油2000倍液喷雾，安全间隔期均为7天；或5%农梦特(伏虫隆)乳油1200倍液喷雾，安全间隔期为10天，对防治初孵幼虫均有较好效果。第四类药剂是拟除虫菊酯类杀虫剂，其特点是高效速效，可在虫口密度大、虫情危急时使用，如用2.5%溴氰菊酯(敌杀死)乳油2000～3000倍液喷雾，安全间隔期为2天，或20%氰戊菊酯(速灭杀丁)乳油1500～3000倍液喷雾，安全间隔期为5天，或2.5%三氟氯氰菊酯(功夫)乳油1500～2500倍液喷雾，安全间隔期为7天，对防治3龄前幼虫的效果均在90%以上。第五类药剂是有机磷杀虫剂中的低毒高效种类，如用50%辛硫磷乳油1000倍液喷雾，安全间隔期为7天，但每季菜最多只宜施用2次。

(四)小菜蛾

1.为害特征及生活习性 小菜蛾又叫小青虫、扭腰虫、吊死鬼。幼虫多集中在蕹菜的心叶处为害并吐丝结网,心叶被害后逐渐硬化,影响全株生长。也可以在叶背面啃食叶肉,残留表皮,形成许多透明的斑点;或将叶片吃成孔洞,严重时仅留叶脉。

成虫为灰黑色的小蛾子,前后翅有长缘毛。前翅中央有黄白色略为弯曲的波纹。静止时两翅折叠呈屋脊状,黄白色部分合并成3个连成串的小方块,翅尖翘起如鸡尾。卵为椭圆形,表面光滑。幼虫为纺锤形,头黄褐色,身淡绿色,身体上有细毛,尾足向后伸。行动敏捷,稍受惊动即扭动,倒退吐丝坠落(图8-2)。蛹为纺锤形,长约6毫米,外有网状薄茧,附着在寄主上。

小菜蛾以蛹在向阳处的枯叶或杂草间过冬。成虫白天隐蔽在植株下或草丛中,黄昏时开始在株丛中飞舞,交尾产卵。卵产于叶背面,单粒或3~5粒排成1块。高温干燥的环境有利于小菜蛾的大发生。

图8-2 小菜蛾

1.成虫 2.成虫停息时侧面观 3.幼虫

2.防治方法

第一,用防虫网全程覆盖栽培,可不施药防治。方法参见菜青虫防治部分。

第二,用黑光灯诱杀成虫。具体方法是每667平方米菜地设置1盏黑光灯,灯光高度为1.5米左右,下置水盆,盆内滴入一些煤油,使灯距水面20厘米左右。有条件的地区可使用频振式杀虫灯。

第三,成虫期施用性引诱剂。在2~3公顷菜地范围内悬挂1支用小菜蛾性引诱剂制成的诱芯,高度略超过植株顶部,下置水盆,水中放一些洗衣粉,使诱芯距水面1厘米,可诱杀大量成虫。

第四,药剂防治。小菜蛾常与菜青虫一起发生,防治方法同菜青虫。喷药时要重点喷叶背面。在我国南方,由于天气炎热,小菜蛾年发生可达20世代左右,频繁的用药往往使小菜蛾产生严重抗药性,一些常用杀虫剂在田间使用效果显著降低。近几年,新出现的一些杀虫剂则防治效果较好,菜农可以选用,如凯撒 10.8%乳油(又称四溴菊酯)5 000 ~ 8 000 倍液,或锐劲特 5%悬浮剂(法国罗纳·普朗克公司生产)2 000 ~ 4 000 倍液,或宝路 50%可湿性粉剂(瑞士汽巴—嘉基公司生产)1 000 ~ 2 000 倍液。

(五)红蜘蛛(叶螨)

1.为害特征及生活习性 红蜘蛛又叫叶螨(图 8-3),是一种多食性害虫。以成虫和若虫在叶背吸取汁液,被害叶片的叶面呈黄白色小点,严重时变黄枯焦,甚至脱落。红蜘蛛在露地和保护地均能发生。在北方多以成虫潜伏于杂草、土缝中越冬,南方则以成虫、卵、幼虫、若虫在寄主上越冬。第二年春天先在寄主上繁殖,然后转移到蔬菜地繁殖为害。初为点状发生,后靠爬行或吐丝下垂借风雨扩散传播。

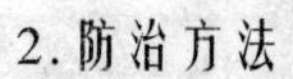

图 8-3 红蜘蛛

2.防治方法

第一,彻底清除田间及其附近杂草;前茬作物收获后清除残枝落叶,减少虫源;加强虫情调查,及时控制在点、片发生时期。

第二,药剂防治。首选药剂为抗生素类制剂,如 10%浏阳霉素乳油 1 500 ~ 2 000 倍液,或 2.5%华光霉素可湿性粉剂 400 ~ 600 倍液喷雾,安全间隔期均为 2 天,或 1.8%阿维菌素乳油 1 500 ~ 2 000 倍液喷雾,安全间隔期为 7 天,但每季菜只宜使用 1 次。第二类药剂为昆虫、螨类生长调节剂类制剂,如 15%哒螨灵可湿性粉剂(商品名称:牵牛星)3 000 ~ 4 000倍液(每 667 平方米用量 18.8 ~ 25 毫升),或 50%四螨嗪(螨死净、阿波罗)悬乳液 5 000 倍液喷雾,安全间隔期均为 14 天,且每季菜只宜施用 1 次。第三类药剂为拟除虫菊酯类杀虫杀螨剂,其特点是高效速效,如2.5%功夫乳油2000~4000倍液喷雾,安全间隔期为7天。第四类药剂为其它杀螨杀虫剂,如20%螨克(双甲脒)乳油1000~1500倍液(每667平方米用量50~75毫升),其安全间隔期为30天,且每季菜只宜施用1次。要轮换使用不同种类的药剂,以延缓红蜘蛛产生抗药性,并注意将药液喷在嫩叶的背面。

(六)夜蛾科害虫

1.为害特征及生活习性 夜蛾科害虫包括甘蓝夜蛾、斜纹夜蛾、甜菜夜蛾、银纹夜蛾等多种,均属夜蛾科。成虫为中型蛾类,褐色,前翅上有复杂斑纹,幼虫体色多变,食性极杂。为害蕹菜的主要是斜纹夜蛾(图8-4),其成虫体长14~20毫米,深褐色;前翅灰褐色,上有数条灰白色斜线交织,其间有环状纹和肾状纹;后翅白色;卵半球形,初为黄色,后变黑;老熟幼虫体长35~47毫米,头部黑色;蛹体长15~20毫米,红褐色,末端有1对短棘。夜蛾科害虫的初孵幼虫多群集叶背取食叶肉,残留表皮,3龄后食量大增,啃食叶片,形成孔洞或缺刻。

夜蛾科害虫分布全国,多以蛹在土内越冬,在华北1年发生2~3代,广东及以南地区则可终年发生。适宜斜纹夜蛾发育的温度为28℃~30℃,主要为害期出现在夏季。成虫昼伏夜出,对黑光灯和糖蜜气味有较强趋性,需吸食花蜜作为补充营养。喜欢在生长茂盛、郁闭的菜田产卵,卵成块或分散产于叶背。初孵幼虫多群集在卵块附近取食叶片,3龄后分散为害,食量大增,为害加剧,某些种类的幼虫大发生时还有吃光一片即成群迁移为害的特性。

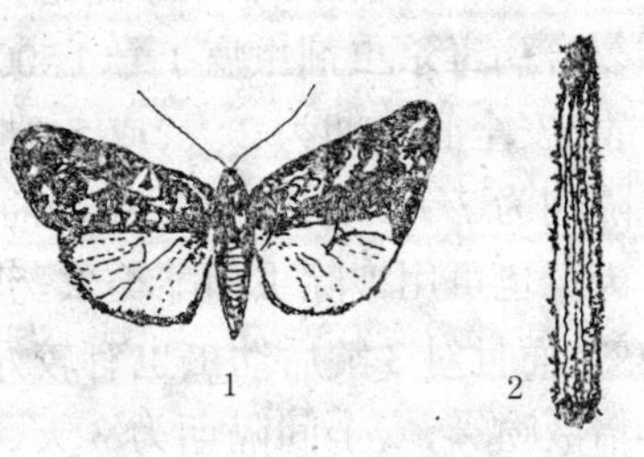

图8-4 斜纹夜蛾
1.成虫 2.幼虫

2. 防治方法

第一，前作收获后，及时耕地晒垡、冻垡，以减少过夏、越冬虫源。

第二，结合田间作业，摘除卵块和初孵幼虫群集为害的叶片并销毁，以减少虫口。

第三，采用防虫网全程覆盖栽培，不需施药防治。此法适合在高温季节栽培茼蒿、蕹菜等速生叶菜类。

第四，在田间设置黑光灯或频振式杀虫灯诱杀成虫，方法同前述防治小菜蛾。

第五，在成虫盛发期用糖醋酒诱杀成虫，方法是在盆内加入糖、醋、酒和水，糖、醋、酒、水的比例为6:3:1:10，再加入少量敌百虫。盆的位置要略高于植株顶部，盆的上方应设置遮雨罩。盆宜在傍晚放置，第二天上午收回，捞出死虫后，盖好以备傍晚再用。

第六，药剂防治。关键是抓住未扩散前的1～2龄幼虫期施药防治。当田间检查发现百株有初孵幼虫20条以上时，应尽快对发生中心(即受害叶较集中的地方)及周围植株施药防治，方法是：用复合病毒杀虫剂虫瘟1号1 500倍液喷雾，该药剂对环境、人、畜无害，安全间隔期为2天，或5%抑太保乳油2 000倍液喷雾，安全间隔期为7天，或5%卡死克乳油2 000倍液喷雾，安全间隔期为14天。也可用拟除虫菊酯类农药防治，这类药剂不仅对初孵幼虫有效，而且对3龄后幼虫也有较好效果，如20%甲氰菊酯乳油2 500倍液喷雾，安全间隔期为3天，或40%氰戊菊酯乳油4 000～6 000倍液喷雾，安全间隔期为5天，或2.5%功夫乳油3 000倍液喷雾，安全间隔期为7天。防治3龄后幼虫，最好选在傍晚施用上述拟除虫菊酯类农药，因为多数夜蛾科害虫的高龄幼虫喜在晚间活动。

第九章 无公害茼蒿、蕹菜的采收、贮藏

一、采收及采后无公害处理技术

蔬菜产品包括新鲜蔬菜、加工蔬菜两大类。而新鲜蔬菜作为加工蔬菜的初级产品即原料,也必须保证其清洁无污染。新鲜蔬菜也是以田间收获的初级产品形态,进行简单的采后商品化处理而成的。作为蔬菜的初级产品,在栽培过程中要确保其品质优良和安全性,而此后的处理、加工、贮运、销售等各个过程,也需要有适当的技术规则,以维护和保持已经具备的优质安全特性,防止上述过程中发生二次污染,避免前功尽弃。

(一)产品收获

无公害蔬菜生产过程中,产品收获和有关技术对其安全性水平有着很大的影响。一方面,每一种蔬菜均有着保持良好产品外观与内在品质的适宜收获时期,另一方面又受到田间管理与产品器官形成的限制,如临近收获期之前的灌溉、施肥与植物保护作业。这些作业必须根据收获期的要求,在数量、时间等方面严格管理,才能确保在适宜收获期时产品的安全性。如果田间管理没有能够按照安全性基本要求进行,则可能在到达收获期时,体内某些污染物质的实际水平并未能降解到规定以下,因而不得不延迟采收。这样不但给品质带来不良影响,而且涉及到商品化处理及整个运销过程中其他作业的进行。

茼蒿、蕹菜属于绿叶菜类,生长期较短,达到采收标准的持续时间也较短,且生产上多根据商品成熟度进行分批次采收,因而施

肥、喷药等田间作业必须考虑对采收产品安全品质(或卫生品质)的影响。一方面要确保蔬菜产品商品品质,另一方面又要遵守施用农药的安全间隔期规定,严格执行氮肥施用安全间隔期等措施。这就要求整个田间栽培管理过程,必须按照无公害栽培技术规程进行。

另外,利用割刀、剪刀等刀具进行茼蒿、蕹菜的采收时必须保证切口的清洁,以防产品二次污染。

(二)产品的整理与处理

为了保持蔬菜产品具有良好外观,在田间采收后,应随即进行产品的整理工作。茼蒿、蕹菜的田间整理包括:

1. **切割** 沿茎节下部切割,使产品的长度整齐一致。

2. **整修** 去除收获时附带的不需要的部分,如去除茼蒿、蕹菜连根采收时的须根,去除黄叶、病叶等。

3. **去泥沙、污杂** 去除菜叶上的泥沙、茎叶间的夹杂物等。

4. **集合** 对茼蒿、蕹菜等散叶类蔬菜,要将若干大小基本整齐一致的单株集合在一起,使之整齐并进行捆扎。

5. **分级与淘汰** 按照确定的质量标准进行严格的淘汰和分级,这是蔬菜产品在采收后田间处理中非常重要的一个环节。如果只是销售时才进行分级,往往会在运销过程中造成更大的浪费与损失,一方面运输资源被浪费,另一方面产品在单元运输包装内相互间的机械损伤会更为严重。无公害食品茼蒿、蕹菜必须淘汰掉具有明显缺陷如机械伤、抽薹、腐烂、病虫害感染等的产品,同时按一定的分级标准进行分级。

(三)产品的运输包装

运输包装主要是为蔬菜产品提供保护与操作时的便利。为了保证蔬菜产品的清洁,无论从包装材料到作业过程均需注意无二次污染。在包装用器材上，尽可能使用一次性材料且能够再生利用；即便是重复利用的，也特别要注意清洗容器上的污垢，防止大肠杆菌的繁殖。叶菜类产品多使用硬纸箱、塑料箱、瓦楞纸箱、小竹筐、木条箱等包装。农业部标准《无公害食品 蕹菜》(NY5093-2002)中对蕹菜的运输包装做了如下规定："包装容器(箱、筐等)要求牢固，内壁及外表均平整，疏木箱缝宽适当、均匀。包装容器应保持干燥、清洁、无污染、无腐烂、无霉变等。塑料箱应符合 GB/T 8868 的要求。"

另外，包装物上应标明无公害农产品标志、产品名称、产品的标准编号、生产者名称、产地、规格、净含量和包装日期等。应按同一品种、同一规格分别包装。每批产品包装规格、单位、质量应一致。

(四)产品预冷

预冷是蔬菜产品采收后重要的处理作业，它关系到田间品质的维持时间，可迅速将蔬菜产品所携带的热量除去，使组织的代谢水平降低，以防止腐败，保持蔬菜产品品质。预冷在经济上的意义在于减慢产品后熟，减少加工过程中的质变，节省贮运过程中的机械制冷负荷。

茼蒿、蕹菜等叶菜类收获后可发生一系列的生理生化变化，如叶片蒸发失水，使叶片组织软化、失重，外观萎蔫；叶片色泽改变，颜色发黄或发暗；茎叶内纤维组织增多，影响营养品质等。而田间采收后进行快速预冷，则在很大程度上可延缓上述不良变化的发生。茼蒿、蕹菜等叶菜类可采用真空预冷方式。

二、贮运、保鲜和营销的无公害要求

(一)运　输

蔬菜产品在运输过程中,一方面需要保持产品所处的适宜环境,同时,也要注意使机体不发生机械伤害,以防病害的侵入。因此,蕹菜等产品收获整修后首先应作运输包装,以保持产品能维持在田间和采收后处理所形成的品质与安全性。运输前还应进行预冷。其次,在运输工具装载时,必须考虑到包装容器本身的强度、吸潮性、透气性等,从而确定单体包装之间的组合方式及堆码高度极限。

运载系统主要包括运输工具、厢体和环境控制设备。运输工具主要有适用于短距离运输的卡车、火车以及适用于长距离运输的货轮、飞机等。蔬菜运输中最常用的厢体是集装箱,新鲜蔬菜常用通风集装箱,冬季运输或在寒冷地区的运输可用保温集装箱,新鲜蔬菜在夏季运输时则需要冷藏集装箱。集装箱在每次使用时,必须预先进行厢体的熏蒸消毒和清扫工作,熏蒸后,需很好地散发,以防熏蒸剂残留造成蔬菜产品的污染。环境控制设备主要有加温设备和冷藏运输系统,以控制蔬菜运输过程中的温度、湿度和气体环境,达到防冻、防晒、散热等目的。

产品装运时,在厢体内的运载空间,单体包装之间应装满,但不得挤装,也不可留过大的空隙。装运时还要做到轻装轻卸,防止机械损伤。

(二)贮　存

由于产品批量及市场的原因,在蔬菜采收后常进行短期贮藏,以抑制产品机体内的生理活性,防止微生物引起的腐败。临时贮藏场所应阴凉、通风、清洁、卫生,防止烈日曝晒、雨淋、冻害及有毒物质和病虫的危害。短期贮存货堆不应过大,控制适宜的温、湿度。有条件的可进行窖藏或冷库贮藏,蕹菜贮存库(窖)温度应保持在0℃~2℃,空气相对湿度保持在90%~95%。

(三)销 售

当前我国蔬菜产品的运销过程基本上是由生产者、批发商到消费者。批发的交易行为,通常由精于销售而且可将蔬菜产品迅速转移到消费者手中的中间人包办,这就是经纪人。目前国内的蔬菜交易有相当部分是生产者自已兼任批发商。由于国内无公害蔬菜产品的商品化处理兴起时间较短,体系尚不太健全,因此专业化的中间商在功能上还不够成熟,这就使配销网络显得过于简单化,面对大市场时难以适应。

无公害蔬菜在销售前应进行销售包装,销售包装是对蔬菜产品进行的促进销售、保护产品的商品化处理措施。包装在材料和规格等方面的新型设计以专利形式受到保护,各企业可结合产品品牌进行包装的标准化工作。目前绿叶菜的销售包装多采用在塑料托盘(无毒)上盛装产品再覆盖收缩膜,以及塑料薄膜袋包裹等两种形式。销售包装上要有文字信息,其应包含以下内容:产品名称、净重;生产厂家、电话、地址;批号、生产日期;质量等级;商标、商品标准代号与条形码。要突出表示商标,并加注贮运标志。

三、无公害茼蒿、蕹菜产品质量标准

(一)无公害蔬菜产品质量状况

蔬菜产品的质量应该是外观性状,感官风味,营养品质,加工工艺和安全卫生等的综合体现。我国虽是蔬菜生产大国,由于没有严格按照生产技术规程进行生产，许多产品的外观性较差，加工工艺落后，包装不规范，卫生安全指标不稳定，很难进入国际市场。为了适应新时期农业发展和应对加入 WTO 后的要求，我国由农业部牵头，开始实施无公害食品行动计划，先后颁布并实施了一些蔬菜(韭菜、白菜类、茄果类、甘蓝类、黄瓜、苦瓜、豇豆、菜豆、萝卜、胡萝卜、菠菜、芹菜、蕹菜、草莓、西瓜等)的无公害食品质量标准，这对指导蔬菜规模化生产，确保蔬菜产品标准化加工、包装，质量安全，提高农民收入，推动蔬菜产业健康发展都有着十分重要的意义。

(二)无公害茼蒿、蕹菜产品质量标准

1.无公害蕹菜(鲜食)感官标准 一个检验批次的蕹菜应为同一品种或相似品种，大小基本整齐一致，无黄叶，无明显缺陷(缺陷包括机械伤、抽薹、腐烂、病虫害等)。

2.无公害蕹菜卫生标准 无公害食品蕹菜卫生指标应符合表 8-1 的要求。

表 9-1 无公害食品蕹菜卫生要求

序 号	项 目	指标(毫克/千克)
1	敌敌畏(dichlorvos)	≤0.2
2	毒死蜱(chlorpyrifos)	≤1
3	乐果(dimethoate)	≤1
4	氯氰菊酯(cypermethrin)	≤2
5	氰戊菊酯(fenvalerate)	≤0.5
6	百菌清(chlorothalonil)	≤1
7	氯氟氰菊酯(cyhalothrin)	≤0.2
8	三唑酮(triadimefon)	≤0.2
9	铅(以 Pb 计)	≤0.2
10	镉(以 Cd 计)	≤0.05
11	亚硝酸盐(以 $NaNO_2$ 计)	≤4

注：根据《中华人民共和国农药管理条例》，剧毒和高毒农药不得在蔬菜生产中使用

3.无公害茼蒿卫生标准 目前尚未制定行业或地方的质量标

准,其相关指标可参考蕹菜。

(三)无公害茼蒿、蕹菜产品质量检测方法

1.品质检测及标准检测方法 无公害蕹菜产品质量的检验检测,一般受无公害蔬菜管理部门委托,由国家认可的检测机构按照《中华人民共和国农业行业标准——无公害食品 蕹菜》(NY5093—2002)规定的检测方法检测。无公害茼蒿产品的品质检测可参考蕹菜。

2.品质快速检测方法 鉴于标准的检测方法费工费时,而生产中常常将主要农药残留指标作为检测的主要对象进行检验,为了使生产者尽快掌握蕹菜产品的质量信息,消费者及时了解商品的质量,生产者或蔬菜交易市场质量管理部门,可采用快速检测的方法。目前技术成熟的农药残留快速检测方法还只能检测有机磷、氨基甲酸酯类农药。方法有:

(1)农药速测卡法(酶试纸法) 取蔬菜可食部分3.5克,剪碎于杯中。用纯净水浸没菜样,盖好盖子,摇晃20次左右,制得样品溶液。取速测卡,将样品液滴在速测卡酶试纸上,静置5~10分钟,将速测卡对折,用手捏紧,3分钟后打开速测卡,白色酶试纸片变蓝色为正常反应,不变蓝色说明有过量有机磷和氨基甲酸酯类农药残留。同时做空白对照。

(2)农药残留快速测定仪法 采用农药残留快速测定仪测定酶抑制率。如果酶抑制率数值小于35,则样品判为合格,如果酶抑制率数值大于35,则需按有关国家标准规定的方法进行测定。

附录1　NY5010—2002
无公害食品　蔬菜产地环境条件

前　言

本标准是对2001年9月3日发布的NY5010-2001《无公害食品 蔬菜产地环境条件》的修订。本次修订删除了无公害蔬菜产地和环境的术语和定义，删除了环境空气质量要求中的二氧化氮指标、灌溉水质量要求中的氟化物指标、土壤环境质量要求中的铜指标，修改了环境空气质量要求中的二氧化硫、氟化物指标，灌溉水质量要求中的总镉、总铅、粪大肠菌群指标，土壤环境质量要求中的镉、汞、铅、砷指标的浓度(含量)限值与适用范围。

自本标准发布之日起，NY5010-2001《无公害食品 蔬菜产地环境条件》即行废止。

本标准由中华人民共和国农业部提出。

本标准修订单位：农业部环境质量监督检验测试中心(天津)。

本标准主要修订人：高怀友、刘凤枝、李玉浸、刘萧威、郑向群。

本标准所代替的历次版本发布情况为：NY5010－2001。

1　范　围

本标准规定了无公害蔬菜产地选择要求、环境空气质量要求、灌溉水质量要求、土壤环境质量要求、试验方法及采样方法。

本标准适用于无公害蔬菜产地。

2　规范性引用文件

下列文件中的条款通过本标准的引用而成为本标准的条款。凡是注日期的引用文件，其随后所有的修改单(不包括勘误的内容)或修订版均不适用于本标准，然而，鼓励根据本标准达成协议的各方研究是否可使用这些文件的最新版本。凡是不注日期的引用文件，其最新版本适用于本标准。

GB/T 5750 生活饮用水标准检验方法

GB/T 6920 水质 pH值的测定 玻璃电极法

GB/T 7467 水质 六价铬的测定 二苯碳酰二肼分光光度法

GB/T 7468 水质 总汞的测定 冷原子吸收分光光度法

GB/T 7475 水质 铜、锌、铅、镉的测定 原子吸收分光光度法

GB/T 7485 水质 总砷的测定 二乙基二硫代氨基甲酸银分光光度法

GB/T 7487 水质 氰化物的测定 第二部分 氰化物的测定

GB/T 11914 水质 化学需氧量的测定 重铬酸盐法

GB/T 15262 环境空气 二氧化硫的测定甲醛吸收－副玫瑰苯胺分光光度法

GB/T 15264 环境空气 铅的测定 火焰原子吸收分光光度法

GB/T 15432 环境空气 总悬浮颗粒物的测定 重量法

GB/T 15434 环境空气 氟化物的测定 滤膜·氟离子选择电极法

GB/T 16488 水质 石油类和动植物油的测定 红外光度法

GB/T 17134 土壤质量 总砷的测定 二乙基二硫代氨基甲酸银分光光度法

GB/T 17136 土壤质量 总汞的测定 冷原子吸收分光光度法

GB/T 17137 土壤质量 总铬的测定 火焰原子吸收分光光度法

GB/T 17141 土壤质量 铅、镉的测定 石墨炉原子吸收分

光光度法

NY/ T 395　农田土壤环境质量监测技术规范

NY/ T 396　农用水源环境质量监测技术规范

NY/ T 397　农区环境空气质量监测技术规范

3　要　求

3.1　产地选择

无公害蔬菜产地应选择在生态条件良好,远离污染源,并具有可持续生产能力的农业生产区域。

3.2　产地环境空气质量

无公害蔬菜产地环境空气质量应符合表1的规定。

表1　环境空气质量要求

项　目	浓度限值			
	日平均		1h平均	
总悬浮颗粒物(标准状态)(mg/m^3) ≤	0.30		-	
二氧化硫(标准状态)(mg/m^3) ≤	0.15[a]	0.25	0.50[a]	0.70
氟化物(标准状态)($\mu g/m^3$) ≤	1.5[b]	7	-	

注:日平均指任何1日的平均浓度;1h平均指任何一小时的平均浓度。

a　菠菜、青菜、白菜、黄瓜、莴苣、南瓜、西葫芦的产地应满足此要求。

b　甘蓝、菜豆的产地应满足此要求。

3.3　产地灌溉水质量

无公害蔬菜产地灌溉水质应符合表2的规定。

表 2 灌溉水质要求

项目		浓度限值	
pH		5.5~8.5	
化学需氧量(mg/L)	≤	40[a]	150
总汞(mg/L)	≤	0.001	
总镉(mg/L)	≤	0.005[b]	0.01
总砷(mg/L)	≤	0.05	
总铅(mg/L)	≤	0.05[c]	0.10
铬(六价)(mg/L)	≤	0.10	
氰化物(mg/L)	≤	0.50	
石油类(mg/L)	≤	1.0	
粪大肠菌群(个/L)	≤	40000[d]	

注:a 采用喷灌方式灌溉的菜地应满足此要求。

b 白菜、莴苣、茄子、蕹菜、芥菜、苋菜、芜菁、菠菜的产地应满足此要求。

c 萝卜、水芹的产地应满足此要求。

d 采用喷灌方式灌溉的菜地以及浇灌、沟灌方式灌溉的叶菜类菜地应满足此要求。

3.4 产地土壤环境质量

无公害蔬菜产地土壤环境质量应符合表 3 的规定。

表 3 土壤环境质量要求 (单位:毫克/千克)

项目		含量限值					
		pH<6.5		pH6.5~7.5		pH>7.5	
镉	≤	0.30		0.30		0.40[a]	0.60
汞	≤	0.25[b]	0.30	0.30[b]	0.5	0.35[b]	1.0
砷	≤	30[c]	40	25[c]	30	20[c]	25
铅	≤	50[d]	250	50[d]	300	50[d]	350
铬	≤	150		200		250	

注:本表所列含量限值适用于阳离子交换量>5cmol/kg 的土壤,若≤5cmol/kg,其标

准值为表内数值的半数。

a 白菜、莴苣、茄子、蕹菜、芥菜、苋菜、芜菁、菠菜的产地应满足此要求。

b 菠菜、韭菜、胡萝卜、白菜、菜豆、青椒的产地应满足此要求。

c 菠菜、胡萝卜的产地应满足此要求。

d 萝卜、水芹的产地应满足此要求。

4 试验方法

4.1 环境空气质量指标

4.1.1 总悬浮颗粒物的测定按照 GB/ T 15432 执行。

4.1.2 二氧化硫的测定按照 GB/ T 15262 执行。

4.1.3 二氧化氮的测定按照 GB/ T 15435 执行。

4.1.4 氟化物的测定按照 GB/ T 15434 执行。

4.2 灌溉水质量指标

4.2.1 pH 值的测定按照 GB/ T 6920 执行。

4.2.2 化学需氧量的测定按照 GB/ T 11914 执行。

4.2.3 总汞的测定按照 GB/ T 7468 执行。

4.2.4 总砷的测定按照 GB/ T 7485 执行。

4.2.5 铅、镉的测定按照 GB/ T 7475 执行。

4.2.6 六价铬的测定按照 GB/ T 7467 执行。

4.2.7 氰化物的测定按照 GB/ T 7487 执行。

4.2.8 石油类的测定按照 GB/ T 16488 执行。

4.2.9 粪大肠菌群的测定按照 GB/ T 5750 执行。

4.3 土壤环境质量指标

4.3.1 铅、镉的测定按照 GB/ T 17141 执行。

4.3.2 汞的测定按照 GB/ T 17136 执行。

4.3.3 砷的测定按照 GB/ T 17134 执行。

4.3.4 铬的测定按照 GB/ T 17137 执行。

5 采样方法

5.1 环境空气质量监测的采样方法按照 NY/T 397 执行。

5.2 灌溉水质量监测的采样方法按照 NY/T 396 执行。

5.3　土壤环境质量监测的采样方法按照 NY/T 395 执行。

附录2 NY/T 5094—2002 无公害食品 蕹菜生产技术规程

前 言

本标准由中华人民共和国农业部提出。

本标准起草单位:重庆蔬菜研究中心、全国农业技术推广服务中心。

本标准主要起草人:唐洪军、李必全、康月琼、张宗美、雷开荣、阎愫。

1 范 围

本标准规定了无公害食品蕹菜的产地环境要求和生产技术措施。

本标准适用于无公害食品蕹菜的生产。

2 规范性引用文件

下列文件中的条款通过本标准的引用而成为本标准的条款。凡是注日期的引用文件,其随后所有的修改单(不包括勘误的内容)或修订版均不适用于本标准,然而,鼓励根据本标准达成协议的各方研究是否可使用这些文件的最新版本。凡是不注日期的引用文件,其最新版本适用于本标准。

GB 4285 农药安全使用标准

GB/T 8321(所有部分) 农药合理使用准则

NY 5010 无公害食品 蔬菜产地环境条件

中华人民共和国农业部公告 第199号(2002年5月24日)

3 产地环境

产地环境质量应符合NY5010规定。

4 生产管理措施

4.1 栽培方式

4.1.1 露地栽培

4.1.1.1 旱地栽培

宜选择湿润而肥沃的土壤，选择 6～8 节的种苗，按(15～19 厘米)×22 厘米的株行距定植。

4.1.1.2 水田栽培

选择向阳、肥沃、水源方便的田块，定植前施足底肥，深耕细耙，按(17 厘米～20 厘米)×25 厘米的株行距定植。

4.1.2 设施栽培

设施有塑料棚、日光温室和温床等。

4.2 栽培季节

根据当地气候条件和品种特性，日均气温稳定在 15℃以上，即可播种。如果采用设施栽培，播种期可适当提前。

4.3 品种选择

选用抗病、生长期长、品质好、商品性好的品种。

4.4 播种

将出芽的种藤条播于准备好的床畦，行距 2～6 厘米，覆盖1～2 厘米厚准备好的床土，浇足水。

4.5 田间管理

4.5.1 整地施肥

选择土地平整、排灌方便的轮作田块耙平，开厢、做畦。根据土壤肥力情况，按照平衡施肥要求施肥，适当的氮、磷、钾肥比例作基肥，辅以尿素作为追肥，适时施用。

4.5.2 定植管理

根据气温、地形状况选择露地、塑料棚、日光温室或温室栽培等。栽培密度为 13 000 株/667 平方米～16 000 株/667 平方米。田间保持不脱水，种苗活棵后，用 0.3%的尿素，每 10 天追肥 1 次。

每次采收后应追肥1次。

4.6 病虫害防治

4.6.1 蕹菜主要病害有猝倒病、灰霉病、白锈病、褐斑病等；主要虫害有菜青虫、小菜蛾、夜蛾科虫、蚜虫等。

4.6.2 防治方法

4.6.2.1 农业防治

通过轮作，施用腐熟的有机肥，减少病虫源。科学施肥，控制氮肥使用，加强管理，培育壮苗，增强抵抗力。

4.6.2.2 物理防治

4.6.2.2.1 诱杀：在设施栽培条件下，设置30厘米×20厘米黄色黏胶活黄板涂机油，按照30块/667平方米~40块/667平方米密度，挂在行间，高出植株顶部，诱杀蚜虫。利用频振式杀虫灯诱杀蛾类、直翅目害虫的成虫。利用糖醋酒引诱蛾类成虫，集中杀灭。

4.6.2.2.2 利用银灰色膜驱赶蚜虫，或防虫网隔离。

4.6.2.3 生物防治

蝶蛾类卵孵化盛期选用苏云金杆菌（Bt）可湿性粉剂、印楝素或川楝素进行防治。成虫期可施用性引诱剂防治害虫。

4.6.2.4 药剂防治

4.6.2.4.1 根据农业部199号公告，无公害蕹菜生产不得使用以下农药：甲胺磷、甲基对硫磷、对硫磷、久效磷、磷胺、甲拌磷、甲基异柳磷、特丁硫磷、甲基硫环磷、治螟磷、内吸磷、克百威、涕灭威、灭线磷、硫环磷、蝇灭磷、地虫硫磷、氯唑磷、苯线磷19种农药。

4.6.2.4.2 使用药剂时，执行GB 4285和GB/ T 8321（所有部分）。

4.7 采收

当蕹菜苗长30厘米以上时，即可开始分批采收。采收后应立即去掉黄叶、病虫斑叶，分级装箱。

附录3 NY 5093—2002 无公害食品 蕹菜

前 言

本标准由中华人民共和国农业部提出。

本标准起草单位:农业部蔬菜品质监督检验测试中心(重庆)、农业部蔬菜品质监督检验测试中心(北京)。

本标准主要起草人:钟世良、柴勇、江学维、杨俊英、龚久平、刘素。

1 范 围

本标准规定了无公害食品蕹菜的要求、试验方法、检验规则、标志、包装、运输和贮存。

本标准适用于无公害食品蕹菜。

2 规范性引用文件

下列文件中的条款通过本标准的引用而成为本标准的条款。凡是注日期的引用文件,其随后所有的修改单(不包括勘误的内容)或修订版均不适用于本标准,然而,鼓励根据本标准达成协议的各方研究是否可使用这些文件的最新版本。凡是不注日期的引用文件,其最新版本适用于本标准。

GB/ T 5009.12 食品中铅的测定方法

GB/ T 5009.15 食品中镉的测定方法

GB/ T 8855 新鲜水果和蔬菜的取样方法

GB/ T 8868 蔬菜塑料周转箱

GB 14878 食品中百菌清残留量的测定方法

GB/ T 14929.4 食品中氯氰菊酯、氰戊菊酯和溴氰菊酯残留量测定方法

GB/ T 14973　食品中粉锈宁的测定方法

GB/ T 15401　水果、蔬菜及其制品 亚硝酸盐和硝酸盐含量的测定

GB/ T 17331　食品中有机磷和氨基甲酸酯类农药多种残留的测定

3　要　求

3.1　感官

同一品种或相似品种,大小基本整齐一致,无黄叶,无明显缺陷(缺陷包括机械伤、抽薹、腐烂、病虫害等)。

3.2　卫生

无公害食品蕹菜卫生指标应符合表1的要求。

表1　无公害食品蕹菜卫生要求

序　号	项　目	指标(mg/kg)
1	敌敌畏(dichlorvos)	≤0.2
2	毒死蜱(chlorpyrifos)	≤1
3	乐果(dimethoate)	≤1
4	氯氰菊酯(cypermethrin)	≤2
5	氰戊菊酯(fenvalerate)	≤0.5
6	百菌清(chlorothalonil)	≤1
7	氯氟氰菊酯(cyhalothrin)	≤0.2
8	三唑酮(triadimefon)	≤0.2
9	铅(以 Pb 计)	≤0.2
10	镉(以 Cd 计)	≤0.05
11	亚硝酸盐(以 $NaNO_2$ 计)	≤4

注:根据《中华人民共和国农药管理条例》,剧毒和高毒农药不得在蔬菜生产中使用。

4　试验方法

4.1　感官要求检验

品种特征、机械损伤、腐烂、抽薹、病虫害等用目测法检测。

4.2 卫生要求检验

4.2.1 敌敌畏、乐果、毒死蜱

按 GB/T 17331 规定执行。

4.2.2 氯氰菊酯、氰戊菊酯、氯氟氰菊酯

按 GB/T 14929.4 规定执行。

4.2.3 百菌清

按 GB/T 14878 规定执行。

4.2.4 三唑酮

按 GB/T 14973 规定执行。

4.2.5 铅

按 GB/T 5009.12 规定执行。

4.2.6 镉

按 GB/T 5009.15 规定执行。

4.2.7 亚硝酸盐

按 GB/T 15401 规定执行。

5 检验规则

5.1 检验分类

5.1.1 型式检验

型式检验是对产品进行全面考核,即对本标准规定的全部要求进行检验。有下列情形之一者应进行型式检验:

a) 国家质量监督机构或行业主管部门提出型式检验要求;

b) 前后两次抽样检验结果差异较大;

c) 因人为或自然因素使生产环境发生较大变化。

5.1.2 交收检验

每批产品交收前,生产者应进行交收检验。交收检验内容包括感官、标志和包装。检验合格后并附合格证书方可交收。

5.2 组批规则

同一产地、同时采收的蕹菜作为一个检验批次。

5.3　抽样方法

按照 GB/ T 8855 中的有关规定执行。

报验单填写的项目应与实物相符;凡与实物不符,包装容器严重损坏者,应由交货单位重新整理后再进行抽样。

5.4　包装检验

应按第 7.1 的规定进行。

5.5　判定规则

5.5.1　每批受检样品抽样检验时,对有缺陷的样品做记录。不合格百分率按有缺陷的蕹菜根数计算。受检样品的平均不合格率不得超过 5%。

5.5.2　卫生指标有一项不合格,该批次产品为不合格。

6　标　志

包装上的标志和标签应标明产品名称、生产者、产地、净含量和采收日期等,字迹应清晰、完整、准确。

7　包装、运输和贮存

7.1　包　装

7.1.1　包装容器(箱、筐等)要求牢固,内壁及外表均平整,疏木箱缝宽适当、均匀。包装容器应保持干燥、清洁、无污染、无腐烂、无霉变等。塑料箱应符合 GB/ T 8868 的要求。

7.1.2　每批报验的蕹菜其包装、净含量应一致。

7.1.3　包装检验规则:逐件称量抽取的样品,每件的净含量不应低于包装外标志的净含量。

7.2　运　输

7.2.1　蕹菜收获后就地整修,及时包装,运输前宜进行预冷。

7.2.2　装运时要做到轻装轻卸,防止机械损伤;运输工具清洁、卫生、无污染。

7.2.3　在适宜的温度、湿度条件下运输,运输过程中注意防冻、防雨淋、防晒、散热。

7.3 贮　存

7.3.1 临时贮藏场所应阴凉、通风、清洁、卫生，防止烈日曝晒、雨淋、冻害及有毒物质和病虫害的危害。

7.3.2 短期贮存货堆不应过大，控制适宜的温、湿度。

7.3.3 贮存库（窖）温度应保持在 0℃～2℃，空气相对湿度保持在 90%～95%。

主要参考文献

1 全国农牧渔业丰收计划办公室,农业部种植业管理司,全国农业技术推广服务中心.无公害蔬菜生产技术.北京:中国农业出版社,2002

2 陆帼一.绿叶菜周年生产技术.北京:金盾出版社,2002

3 龚惠启等.无公害蔬菜生产实用技术.长沙:湖南科学技术出版社,2002

4 曹毅等.绿叶菜类蔬菜栽培与病虫害防治技术.北京:中国农业出版社,2001

5 张华等.蔬菜无土栽培实用技术.广州:广东科技出版社,2001

6 吕家龙.蔬菜栽培学各论.南方本.第三版.北京:中国农业出版社,2001

7 朱振华.寿光棚室蔬菜生产实用新技术.济南:山东科学技术出版社,2001;597~600

8 山东农业大学.蔬菜栽培学各论.北方本.第三版.北京:中国农业出版社,1999

9 范双喜.叶菜类保护地栽培.北京:中国农业大学出版社,1999

10 蒋卫杰等.蔬菜无土栽培技术.北京:金盾出版社,1998

11 农业部全国农业技术推广总站.绿叶菜类生产150问.北京:中国农业出版社,1995

12 沈火林等.名特蔬菜栽培.北京:中国农业出版社,1995

13 程永安.辣椒无公害生产技术.北京:中国农业出版社,

2003

14 闵跃中.水蕹菜塑料大棚越冬留种技术.中国蔬菜,2002;112(4):47

15 孙执中.怎样购买农药和科学使用农药.蔬菜,2002;4:26~27

16 邹国元等.施肥对蕹菜生长及品质的影响.华北农学报,2002;17(2):97~101

17 陈巧明等.蕹菜种子包衣的效应.福建农业科技,2002(1):6~7

18 韩燕来.喷锌对蕹菜锌含量及产量的影响.长江蔬菜,2000(6):27~28

19 李掌.适宜平凉种植的蕹菜品种及高产栽培技术.甘肃农业科技,2000(3):29~31

20 陈巧明等.泰国蕹菜的留种技术.福建农业科技,1999增刊:142

21 陈振德等.施肥对茼蒿硝酸盐和亚硝酸盐含量的影响.山东农业科学,1999;6:40

22 陈巧明等.蕹菜种子产量的构成及相关.海南大学学报,1999;17(4):369~370,373

23 董过兵.深冬日光温室茼蒿栽培.蔬菜,1999(1):29~30

24 徐爱平等.蕹菜水培专用肥研究.长江蔬菜,1998(1):30~32

25 刘义满.蕹菜种子成熟度对苗床出苗率及幼苗产量的影响.种子,1996;85(5):45~46

26 刘义满等.我国蕹菜种质资源及其研究(上).长江蔬菜,1996(3):1~5

27 刘义满等.我国蕹菜种质资源及其研究(下).长江蔬菜,1996(4):1~4

28　王广印等.蕹菜种皮颜色对种子活力的影响.种子科技，1994(2):29～30